Fundamentos da Química dos Elementos

Sagitarius Editora

© 2022, Dr. Marco Antonio Stanojev Pereira, PhD.

Impresso no Brasil/Printed in Brazil
Impressão e distribuição por Clube de Autores.
Título: Fundamentos da química dos elementos
E-mail: sagitariuseditora@gmail.com

Dados Internacionais de Catalogação na Fonte.

P4361   Pereira, Marco Antonio Stanojev, 1969 -
        Fundamentos da química dos elementos / Marco Antonio
Stanojev Pereira. – 2. ed. – São Paulo : Sagitarius
Editora, 2022. 295p. ; il. pb. ; 14,5 cm

     ISBN 978-65-00-40303-9

    1. Química. 2. História. 3. Elementos químicos. I. Título.

                                                          CDU: 54.01
                                                          CDD: 540

2ª Edição
Revista e atualizada

Marco A. Stanojev Pereira

Fundamentos da Química dos Elementos

São Paulo
Sagitarius Editora
2022

Como disseram Cæsar e Arago

"Alea Jacta est"

SUMÁRIO

PREFÁCIO

De grande excelência são as publicações científicas e didáticas no Brasil, notadamente em química, física e ciências afins.

Muitas escolas de ensino fundamental e médio da rede pública, esforçam-se em ter em seus quadros de professores, profissionais qualificados para ensinar as ciências exatas para seus alunos, contudo, vemos com tristeza que os objetivos não são alcançados em seu pleno pois, na maioria esmagadora dos casos, costuma-se utilizar sempre o mínimo da capacidade do profissional, das escolas e dos alunos.

Em nossa experiência na educação, sempre fomos defrontados com as dificuldades operacionais no desenvolvimento pedagógico que planejamos para uma determinada aula, contudo, esforçávamos para não cair na monótona aula consistida de texto na lousa, cópia pelos alunos e questionário no final, valendo nota.

Ensinar não é isso! Ensinar é despertar, fazer brilhar seu conhecimento para que seus alunos se beneficiem da luz, sabendo ou não de imediato do processo que estão envolvidos.

Quantas vezes poderíamos ter ilustrado uma determinada aula com um experimento e, por diversos motivos não o fazemos? Quantas vezes poderíamos ter colocado uma ideia que carregamos desde a nossa formação universitária e a rechaçamos?

A maioria dos alunos odeiam as disciplinas de exatas pois, na grande parte das vezes, os professores, desmotivados pela crescente desvalorização do magistério, apresentam em suas salas de aula uma disciplina puramente teórica, o que não é verdade.

O estudo da química dos elementos é um tópico fundamental no aprendizado das ciências exatas e correlatas, pois estes são os blocos fundamentais que constituem a matéria. Uma vez portadores do conhecimento de como estes foram descobertos e utilizados pela humanidade ao longo dos tempos, veem que as ciências estão muito mais próximas de nosso cotidiano do que a maioria das pessoas imaginam e, nesta faixa do aprendizado esta informação é mais importante do que saber sua configuração eletrônica,

Esta obra foi concebida na linha de raciocínio de mostrar aos estudantes e professores que as ciências são fundamentalmente práticas, e que em salas de aula podem ser desenvolvidos diversos experimentos seguros, com materiais de uso doméstico, que estão ao alcance de todos, todos os dias.

ALGUMAS HISTÓRIAS DA QUÍMICA DOS ELEMENTOS

INTRODUÇÃO

A concepção deste trabalho, começou quando nos convidaram para ministrar a disciplina de Química dos Elementos. Comecei por fazer um levantamento bibliográfico para preparar as aulas e, via que os autores traziam, sistematicamente, a informação como em uma ficha técnica, como nome do descobridor, ano, país, nome do elemento e informações sobre suas características gerais.

Não traziam os métodos, os conhecimentos, a contemporização dos fatos e indivíduos, químicos, físicos e mineralogistas, bem como as dificuldades, alegrias, tristezas e fatos interessantes, envolvidos em suas pesquisas e descobertas.

Começamos então a pesquisar pelas fontes primárias, ou seja, os trabalhos publicados pelos descobridores, e tivemos a grata satisfação de descobrir a química dos elementos na fascinante história da ciência.

Nestas leituras, muitas vezes nos surpreendíamos torcendo pelo êxito do descobridor, em fatos ocorridos há séculos, como por exemplo na descoberta do Fósforo que, enquanto lia a descrição de sua descoberta, esperava que ele concluísse com o conhecimento que temos hoje, como se eu estivesse lendo o artigo que o cientista me dera para opinar.

Assim que comecei a organizar as fontes primárias descobria, nas descrições dos cientistas, o que constava nos livros e o que era omisso ou deturpado. Descobri várias informações que complementavam os trechos nos livros que consultava, e que havia visto nos tempos de estudante, cujas informações e descrições eram tão enigmáticas como um trecho alquímico, pois faltava o *modus operandi*. Mas o fato mais importante neste acesso aos originais, é que tive a oportunidade de constatar a genialidade destes abnegados baluartes, e selecionar nas descrições de seus trabalhos, aulas práticas de síntese dos elementos, seguindo a descrição de seus relatos.

A intenção de citar a referência completa de algumas obras no decurso do texto, bem como a descrição de termos, ideia que confesso ter copiado de Cronsted enquanto lia seu trabalho, é permitir ao interessado curioso de acessar o documento original, facultando-lhe também a oportunidade de ler na íntegra o documento, pois devido ao espaço, tive que sacrificar muita informação preciosa e interessante, mas que fugia do mérito do trabalho.

Este acesso aos originais foi possível, devo citar e congratular, graças à iniciativa louvável e de grande mérito pela divulgação científica do Portal eletrônico da Biblioteca Francesa *Gallica,* que disponibiliza gratuitamente os trabalhos de muitas obras raras, compreendendo diversos períodos da história e em várias áreas do conhecimento; do Portal Google-livros, que permite a consulta *on-line* de livros raros, como os livros de Georgius Agricola, entre outros e, principalmente, ao convênio entre o Instituto Tecnológico e Nuclear (ITN) de Sacavém – Portugal e o Portal Biblioteca do Conhecimento Online (b-on) e, entre o Instituto de Pesquisas

Energéticas e Nucleares (IPEN/CNEN-SP) e o Portal Periódicos, mantido pela CAPES, facultando o acesso à revistas de várias editoras.

Realmente, este não é o Livro de Química dos Elementos, pois não tem a descrição da estrutura cristalina, ponto de fusão, densidade, ponto de ebulição, distribuição eletrônica, etc, etc, etc, mas é um livro que eu gostaria de ter lido quando estudante e de ter consultado como professor.

Fiz este trabalho para todos aqueles que são eternos alunos e curiosos como eu, que lendo-o possam ter seu interesse despertado com a fascinante ciência, e com isso, optar pelo estudo da química e da física, da astronomia e da história, da filosofia e teologia, compartilhando comigo minhas seis paixões, meus seis amores.

Desta forma, dedico esta obra a todos que participaram desta minha epopeia de busca do conhecimento, em especial à Kika e ao Toninho, que sempre foram meus amigos, meus irmãos, meus pais, e ao meu amigo e mestre Dr. Reynaldo Pugliesi.

Espero que apreciem ler esta obra, como eu apreciei pesquisar e escreve-la.

QUÍMICA DOS ELEMENTOS

O AVANÇO DA TECNOLOGIA E A DESCOBERTA DOS ELEMENTOS

Primeiro, com o domínio do fogo, pudemos obter da natureza alguns elementos com a energia calorífica, e logo transformados em ferramentas e utensílios fundamentais para nossa sobrevivência. Com o desenvolvimento do laboratório cerebral, apareceram os elementos terra, água, fogo e ar, lançando as bases da ciência dos elementos. Depois com a alquimia e seus fantásticos equipamentos, outros elementos vieram à luz. Mais tarde, com a química e os processos analíticos mais desenvolvidos, mais elementos puderam ser conhecidos e trabalhados. Adiante, com a invenção da pilha voltaica novos elementos foram isolados pela força elétrica. Em seguida, o espectroscópio e o raio-X apareceram para auxiliar na identificação de elementos conhecidos e os desconhecidos, que seriam descobertos com a radioatividade natural e fabricados pelamão do homem, através da tecnologia nuclear, dos reatores nucleares e dos aceleradores de partículas. Depois? Agora estamos no depois, e nos resta aguardar e, observar para onde a mente humana, o laboratório cerebral nos levará ...

DE ONTEM À HOJE – DO ÁTOMO ÀS GALÁXIAS

Conhecido desde os tempos áureos daGrécia antiga, aproximadamente em meadosdo século 5º a.C., os átomos faziam parte das discussões filosóficas da escola atomista de Leucipo e seu discípulo Demócrito, ambos originários de Ábdera, umaimportante cidade da região norte da Grécia. Utilizando-se da única ferramenta que dispunham, o cérebro, formularam e idealizaram o conceito de átomo, comosendo a menor parte que constitui toda a matéria.

A ideia da existência do átomo, essência fundamental da escola, seria em primeiro lugar doutrina de Leucipo, do qual Demócrito foi o continuador e aperfeiçoador do trabalho de seu mestre.

Leucipo viveu entre 490 e 420 a.C., precedendo aproximadamente 40 anos a Demócrito, e é o autor inicial da escola atomista. A doutrina de Demócrito continha a doutrina de Leucipo, que por sua vez, foi influenciada pela doutrina eleática e, ao compararmos as doutrinas atomista e eleática, vemos algumas semelhanças deconceito, devido ao fato que Leucipo foi discípulo de Zenão de Elea, que foi discípulo de Parmênides, um dos maiores expoentes do eleatismo, todavia, por não ser o mérito do presente trabalho, não serão descritas, contudo a obra do historiador grego Diógenes Laércio[1] é uma interessante fonte de informação.

---

[1] Diógenes Laércio. (1853) The Lives and opinions of Eminent

Demócrito, um dos grandes filósofos gregos, também é originário da cidade de Ábdera e viveu entre 460 e 370 a.C. Embora considerado um pré-socrático, viveu dentro do período socrático.

Como membro de uma rica família, teve a oportunidade de realizar muitas viagens de estudo em todo o mundo antigo, percorrendo toda a Grécia, Ásia e Egito. Em cada país absorvia sua cultura, construindo um saber muito amplo, todavia, segundo o filósofo Antístenes e Diógenes Laércio, Demócrito gastou toda sua fortuna nestas viagens, algo perto de seis milhões de dólares nas cifras de hoje, e regressou em completa penúria, de forma que seu irmão Dámaso se viu obrigado a custeá-lo.

"Tinha dois irmãos maiores, com os quais compartilhou a herança paterna. A maior parte dos autores estão conformes em reconhecer que ele tomou dinheiro para cobrir os gastos de suas viagens, porém que só se reservou uma pequena parte de sua herança, o que não o garantiu, contudo, contra as suspeitas de seus irmãos maiores. Pretende Demétrio que sua parte se elevava a mais de cem talentos e que os gastou inteiramente".

É este o espírito do pesquisador apaixonado, o qual vemos notadamente nos dias de hoje no nosso país, que devido as faltas de recursos financeiros transformam os cientistas em mágicos, e complementares ao profeta bíblico Moisés, que fazia brotar água de pedra, manobra relativamente simples, quando comparada com os cientistas que hoje precisam tirar leite de pedra.

Demócrito foi o principal representante da

Philosophers. Book IX, pp 390-397. Literalmente traduzido do grego por C. D. Yonge. Londres.

escola atomista, bem como um dos maiores expoentes da galeria de homens sábios da antiguidade grega.

Platão era visceralmente contra a hipótese da existência dos átomos, e graças a destruição da grande biblioteca de Alexandria pelo fogo de mentes radicais, muitos de seus escritos se perderam, restando apenas fragmentos, o que propiciou que os pensamentos e opiniões de Platão e Aristóteles prevalecessem durante séculos. Através de Diógenes Laércio, sabe-se que Platão odiava tanto Demócrito que desejava que todos os seus livros fossem queimados.

Por exaurir sua fortuna e conhecendo a lei que proibia o sepultamento em seu próprio país daqueles que houvessem gasto seu pecúlio, Demócrito apresentou aos seus concidadãos sua obra *"Pequena Ordem Mundial"*, uma citação e ampliação do tratado *"Grande Ordem Mundial"*, atribuída à Leucipo.

A obra causou tanto entusiasmo que, não contentes com uma doação de 500 talentos, lhe levantaram estátuas por toda a Grécia. Quando morreu, foi enterrado às expensas de seu povo em reconhecimento aos seus trabalhos.

Demócrito é autor de um grande número de tratados, fundamentais para o desenvolvimento da cultura antiga, todavia, desapareceram no início da era cristã, restando somente os títulos de suas obras, que nos dão uma pequena ideia acerca dos temas que abordava. Entre os principais estão *"Pequena Ordem Mundial"*, *"Sobre a paz interior"* e *"A Cornucópia da abundância"*, *"Sobre a Cosmografia"*, *"Sobre os Planetas"*, *"Sobre a Natureza do Universo"*, *etc.* Na "Pequena Ordem Mundial", diz que há muitos mundos, uns em formação, outros em evolução e outros em decadência. Uns sem Sol e sem Lua e outros ainda com vários.

Da criação dos planetas ele diz ainda que os mundos são inicialmente formados quando uma parte do infinito é separada, depois vão aumentando de tamanho pela colisão com outros mundos e separam-se da parte original. Esta parte, mantida junta e embaraçada é lançada em direção ao vazio que os rodeia. Neste momento, seus movimentos iniciais produzem uma estrutura primordial esférica.

Seu vasto saber colaborou muito na estruturação de seu sistema, mantendo a linha racional e mecânica evitava o misticismo, que para ele era um defeito da alma. Com isso, rompia com as estruturas profundamente humanistas contidos na escola jônica nova, em moda na época, e baseava seu pensamento na observação da natureza, propondo que esta era composta por átomos, que eram imutáveis e moviam-se no espaço vazio. Em sua concepção os átomos, que estão em eterno movimento, possuem e se unem pelo sexo e, dependendo do modo que se ligam, dão origem à toda matéria e as diversas substâncias encontradas na natureza. São concebidas e transformam-se, sem que nada pereça.

Embora postulasse que todo o espaço é preenchido pelos átomos, acreditava no vazio junto ao átomo. Pensamento que também mostra seu gênio e sua visão. Este conceito permite que os átomos teriam o espaço vazio para se moverem livremente.

É curioso pensarmos neste conceito nas

cabeças de Leucipo e Demócrito, e graças à Aristóteles, que parece que admitia a doutrina atomista, temos conhecimento deste pensamento, pois cita-o em seus tratados.

"Leucipo e seu companheiro Demócrito tomam porelementos o pleno e o vazio, que eles chamam respectivamente deser e não ser. Desses princípios, o pleno e o sólido, é o ser; o vazio é o rarefeito, o não ser" (Aristóteles, Metafísica. 985b 5).

Partindo-se deste fundamento, tudo que é palpável é o ser; e o vazio é o não ser. Uma pedra é formada pelo elemento ser. O ar, pelo não ser.

Sobre esta opinião, Diógenes Laércio, ainda no livro IX, traz outra referência:

"Demócrito admitia por princípio do universo os átomos e o vácuo; todo o mais não tem existência, senão na opinião".

E a explicação do que era "a opinião"no próprio pensamento de Demócrito, podemos ver inscrito em um dos fragmentos de sua obra.

"Pela opinião há o doce, pela opinião o amargo, pela opinião o quente, pela opinião o frio, pela opinião o calor; pelaverdade, somente há átomos e o vazio" (Frag. 5 de Demócrito).

A ideia de Demócrito também nos chega pelo filósofo cilício Simplício, da escola aristotélica. É um relato com base nas obras de Aristóteles, e neste relato vemos que além de sexo, os átomos também possuíam formas, o que facilitaria sua união[2].

---

[2] Cartledge, P. (2001) Demócrito. São Paulo. Editora UNESP.

"Ele explica como as substâncias permanecem juntas em razão da
maneira como os corpos se embaraçam e se agarram uns aos outros; pois alguns
deles têm lados irregulares, alguns são emforma de gancho, alguns côncavos,
alguns convexos, e outros têm inúmeras outras diferenças. Julga, portanto, que
eles se agarramuns aos outros e permanecem juntos até que uma força externa
mais poderosa os arranca de seu ambiente, os agita e dispersa. Fala da geração
e do seu contrário, da dissolução, não só em relação aos animais, mas também
às plantas e aos mundos - emsuma, em relação a todos os corpos perceptíveis.
(D/K A37; B p.247-8)"

A escola eleática afirmava que a substância
primordial das coisas é o ser uno, idêntico, imutável,
eterno, determinado, concebido como uma esfera
suspensa no vácuo. Parmênides distingue
claramente a ciência da opinião, onde a primeira é
aquela que nos dá a verdade construída pela razão,
e a segunda, é de onde provêm o erro, devido sua
dependência dos sentidos humanos.

As escolas materialistas e atomísticas foram
uma grande contribuição para a ciência atual já que,
mais tarde, depois de séculos e séculos de
esquecimento, voltou à tona com o cientista inglês
John Dalton.

No início do século XIX, Dalton postulou sua
teoria atômica, propondo um modelo para explicar
as observações de Proust e de Lavoisier, sacudindo
a ciência da época. A famosa frase creditada
erroneamente à Lavoisier:

"Na natureza nada se cria, nada se perde, tudo se transforma",

foi o resultado de séculos de estudos, observações e
experimentações sobre os elementos e as reações
que os envolviam.

Com seus experimentos, Lavoisier praticamente
fundou a química como ciência experimental, não

mais como uma simples curiosidade de teatros e salões. Neste contexto, o átomo de Dalton foi um importante passo para as ciências da época pois explicava, satisfatoriamente, às descobertas do microcosmos observadas pelos cientistas da época.

Seu modelo atômico consistia de uma esfera maciça, indivisível, homogênea e de massa e volume que variavam de acordo com o elemento químico. Toda a matéria, portanto, era composta em sua estrutura pela justaposição destas esferas invisíveis.

Para uma melhor visualização, costuma-se imaginar um pote de vidro cheio de bolinhas, que representam os átomos, e o pote de vidro, a matéria formada pela união destes átomos. Assim, uma barra de Ferro é formada pela união de vários átomos, e segundo Dalton, por esferas de Ferro.

A ideia da constituição do átomo sofreu inúmeras modificações com o passar dos séculos, entre as últimas propostas está a do **Modelo Padrão.**

Desde a descoberta do nêutron em 1932 por Chadwick, convencionou-se que o núcleo do átomo é constituído por prótons e nêutrons, tidos até então como partículas fundamentais, ou seja, prótons e nêutrons são partículas que compõem o núcleo do átomo, não possuindo, portanto, estrutura interna.

Mais tarde, com o desenvolvimento da tecnologia dos superaceleradores de partículas e das ciências das subpartículas, observou-se que dentro do núcleo do átomo havia uma interconversão de nêutrons em prótons e vice versa.

Para explicar este fenômeno, o físico japonês Yukawa, em 1935, propôs, teoricamente, a existência de uma nova partícula, o méson. As deduções matemáticas de Yukawa o levaram a uma espécie de partícula que poderia apresentar carga positiva, negativa ou ainda nula, e cuja massa seria intermediária entre o próton e o nêutron, daí o nome méson.

Segundo Yukawa, prótons e nêutrons seriam a mesma partícula em estado quântico diferente, e o méson atuaria como o responsável pela identidade momentânea destas partículas.

nêutron $\Rightarrow$ próton + méson negativo

próton $\Rightarrow$ nêutron + méson positivo

Havia a necessidade de provar experimentalmente a existência destas partículas, e em 1937 Anderson e seus colaboradores descobriram a evidencia de um méson, o μ (mi) ou mion, em seus estudos de radiação cósmica. Este méson pode apresentar carga positiva ou negativa, dependendo de seu estado quântico.

Em 1947 na Universidade de Bristol, uma equipe de cientistas, no qual fazia parte o notável físico Cesar Lattes, descobriu a existência de um outro tipo de méson, batizado de méson π (pi) ou píon, também estudando a radiação cósmica.

O méson π pode apresentar carga positiva, negativa ou nula, e o fato de serem tão difíceis de serem detectáveis é que omais estável deles possui uma meia-vida de $2,15.10^{-3}$ segundos.

Sendo assim, quando um próton se converte em nêutron, ou vice versa, o que ocorre é a emissão dos produtos que se origina da desintegração do nêutron ou do próton, ou seja

Desintegração do nêutron[3]
$$^1n_0 \Rightarrow {}^1p_1 + {}^0\beta_{-1} + {}^0\nu_0 + {}^0\gamma_0$$

Desintegração do próton
$$^1p_1 \Rightarrow {}^1n_0 + {}^0\beta_{+1} + {}^0\nu_0 + {}^0\gamma_0$$

Desta forma, Heisemberg propôs que prótons e nêutrons, dentro do núcleo, trocam ininterruptamente entre si uma carga elétrica – o méson -, que os converteria um no outro. A figura que normalmente se utiliza para explicar este fenômeno é uma partida de tênis, onde um jogador é o próton, o outro o nêutron e a bola o méson, a diferença é que esta troca acontece milhões de vezes por segundo.

Com a descoberta destas e outras partículas subatômicas, formou-se a teoria das partículas elementares, que visa caracterizar as partículas e radiações que constituem a essência da matéria.

Até o momento, são conhecidas 36 entidades diferentes, classificadas em três grupos: quarks, léptons e bósons.

Os quarks, são os constituintes fundamentais de prótons, nêutrons e mésons. Estas partículas sofrem efeito direto das interações fortes, também chamadas de nucleares, que fazem com que os nucleons permaneçam juntos no núcleo.

São agrupados de acordo com sua cor e sabor. A cor de um quark não está relacionada à nenhuma

---

[3] A notação utilizada neste trabalho será para partícula: $_{carga}X^{massa}$; para átomo: $_{z}X^{n^o\ de\ massa\ (A)}$ n° atômico. N.A.

propriedade óptica, é simplesmente um meio de designar a sua sensibilidade à interação forte. Os diversos sabores dos quarks são as diversas espécies existentes dessa partícula.

São conhecidos 6 espécies diferentes de quarks: "up" e "down", "charm" e "strange","top" e "botton". Os prótons e nêutrons são formados por quarks "up" e "down", da seguinte forma:

$$\text{Próton: } u + u + d$$
$$\text{Nêutron: } d + d + u$$

Já os mésons, são formados por pares de partículas quarks e antiquarks:

$$\text{Méson: } u + \bar{u} \text{ ou } d + \bar{d}$$

Os léptons, outra classe de partículas tidas como fundamentais, não necessitam de outros léptons para existir, assim como os quarks.

Fazem parte dos léptons o elétron, os méson μ (mi) e τ (tau) e seus respectivos neutrinos associados (neutrino do elétron, neutrino μ e neutrino τ), entre outros.

Os bósons são partículas elementares responsáveis pelas interações existentes entre as partículas e fazem parte desta família os fótons, que são os mediadores da interação eletromagnética; os bósons W e Z, mediadores da força nuclear fraca; e os Glúons, da força nuclear forte. As interações eletromagnéticas, por exemplo, podem ser caracterizadas pela troca de fótons entre quarks e léptons carregados. As únicas entidades existentes no modelo padrão do átomo que ainda não foram definitivamente detectadas experimentalmente é o bóson de Higgs e o gráviton. Em março de 2013, o consórcio que trabalhava nestas investigações com o acelerador Large Hadron Collider-LHC, no CERN, coletou e analisou diversos dados, contudo, de uma forma bastante reservada publicou em sua página[4]:

"(...) Depois de analisar duas vezes e meia mais dados do que estavam disponíveis para o anúncio da descoberta em julho, eles descobriram que a nova partícula está se parecendo cada vez mais com um **bóson** de Higgs, a partícula ligada ao mecanismo que dá massa às partículas elementares. Permanece uma questão em aberto, no entanto, se este é o bóson de Higgs do **Modelo Padrão** da física de partículas, ou possivelmente o mais leve de vários bósons previstos em algumas teorias que vão além do Modelo Padrão. Encontrar a resposta para essa pergunta levará tempo. (...)".

---

[4] Disponível em:
 https://home.web.cern.ch/news/news/physics/new-results-indicate-new-particle-higgs-boson

A ORIGEM DOS ELEMENTOS

Com uma rápida olhada ao nosso redor, podemos perceber que tudo o que está relacionado com nosso cotidiano envolve o conceito de átomo, o que é, e o que não é percebido pelos nossos sentidos, nem pela nossa ciência moderna.

Nossos bens materiais, nosso corpo, nossas células, a Terra, o Sol, as galáxias, as radiações, etc, tudo é formado por um conjunto de matéria da mais ampla gama de estado de energia.

Sabemos que nosso corpo é composto por um grande número de elementos químicos que, de acordo com sua concentração, pode significar saúde ou doença.

Quando escrevemos com o grafite do lápis ou lapiseira, raras vezes nos damos conta que sua composição é a mesma que a do diamante.

Olhando para o céu, em uma noite limpa podemos ver a Lua, a Via Láctea, as estrelas e os planetas de nosso sistema, e até imaginar o tamanho do universo. Se é finito ou infinito, qual a composição dos astros...

Muitas das questões que inundam nossas cabeças já começam a ser resolvidas, ou pelo menos aparecem propostas para uma explicação. Todavia, para grande parte das dúvidas que incomodam as ciências e as filosofias modernas, ainda não há respostas definitivas, mesmo com o avanço que desfrutamos hoje com a tecnologia, que somente nos fornecem teorias aceitáveis, mas não definitivas.

É nesta lacuna que entra a ciência, composta

por pessoas curiosas, que querem saber o motivo das coisas, que indagam o porquê de tudo, como as crianças na sua maravilhosa fase do "porque?".

Neste sentido, a teoria do Big-Bang é uma destas teorias propostas, formulada para explicar a origem do universo ocorrida cerca de 12 a 15 bilhões de anos atrás a partir de uma grande explosão.

Diz a teoria que toda a matéria estava concentrada em uma forma compacta, densa e extremamente quente, em um volume próximo de nosso sistema solar. Devido esta explosão, os cientistas explicam que o universo ainda está em expansão, ocasionando com isso o afastamento de galáxias, estrelas, nebulosas, pulsares, planetas, etc, fato constatado através de observações realizadas primeiramente pelo astrônomo Edwin Powell Hubble.

Contudo, a moderna Astronomia verificou que, contrariando as expectativas, esta expansão está sofrendo uma aceleração e, longe de ideias ficcionais, propomos uma hipótese baseada na observação experimental de que o universo está em expansão acelerada[5], o qual sugerimos que tal fato, independente de que forma o universo seja: $\Omega_0 > 1$, $\Omega_0 < 1$ ou $\Omega_0 = 1$, é devido a aproximação da fronteira deste universo, onde está contido nosso sistema Solar e demais corpos, com a fronteira de outros universos. Nesta hipótese, concebemos teoricamente um universo constituído de matéria e outro, constituído preponderantemente de anti-matéria.

---

[5] Adam G. et. al. (1998) Observational Evidence from Supernovae for an Accelerating Universe and a Cosmological Constant. The Astronomical Journal. Vol. 116 pp 1009-1038.

Esta concepção explica a aceleração observada na expansão de nosso universo, que é dada pela proximidade dos campos gravitacionais deste com outros anti-universos.

Desta proximidade e interação, provém a radiação cósmica de fundo, constituída de micro-ondas, radiação gama e outros produtos da reação de aniquilação de pares, não apenas oriundos do efeito do Big-Bang.

Nosso modelo se baseia na presença destas radiações eletromagnéticas na radiação cósmica detectada, pois sabe-se que quando uma partícula e sua antipartícula (elétron e pósitron, por exemplo) interagem, há extinção de matéria e a consequente conversão para dois raios gama, o mesmo ocorrendo com as outras partículas e seus pares.

A radiação de micro-ondas, que são fótons com comprimento de onda maior que a radiação gama, que é detectada, segundo nossa proposta, é devido as interações da radiação gama que, de sua fonte de geração até as proximidades da Terra, onde é percebida e detectada, sofreu moderação e teve seu comprimento de onda modificado, através do efeito de espalhamento Compton. Contudo a fração de radiação gama que chega até nossos instrumentos, escapou deste e de outros tipos de interação, inclusive a produção de pares e o efeito fotoelétrico.

Em analogia, é similar ao processo de moderação dos nêutrons de um reator nuclear de pesquisas, que saem do núcleo após a reação de fissão com energias relativísticas e, chega ao experimento com comprimentos de onda da ordem térmica e frios.

Na base está a teoria da dualidade ondapartícula, desta forma, se há a moderação de uma partícula, permitindo que sua onda característica seja influenciada, o mesmo se aplica a uma onda eletromagnética, do raio gama ao micro-ondas e similares.

Podemos propor também que o efeito de resfriamento do universo é devido a este comportamento entre os universos, dado que este tipo de evento se dá por reação endoenergética, como visto em sistema de laboratório.

Todavia, não há fusão de universos e sim um aniquilamento de matéria e, consequentemente, a produção de energia e subpartículas, material básico para a construção de novos Big-Bangs.

Por ocasião deste evento e, devido à grande quantidade de energia envolvida, as reações nucleares entre as partículas fundamentais deram origem à uma parte da grande quantidade de elementos químicos existentes, através do processo chamado de nucleossíntese durante o evento. A outra parte dos elementos químicos existentes foram, e são, formados devido a nucleossíntese que ocorre na vida de uma estrela.

Inicialmente se formaram os Sóis, grandes condensados de Hidrogênio que, graças as enormes temperaturas, fundem-se formando novos elementos, primeiramente o Hélio, pela reação de fusão nuclear:

$$_1H^1 + {_1H^1} \rightarrow {_1H^2}$$
$$_1H^2 + {_1H^2} \rightarrow {_2He^4} + calor$$

Daí, os demais elementos foram se formando

através de reações termonucleares sucessivas.

Foi graças ao avanço da astronomia moderna, com uso de espectrômetros cada vez mais aperfeiçoados, que os cientistas conseguiram identificar vários elementos conhecidos por nós, presentes na esfera solar.

As frases: "somos filhos das estrelas" e "somos feitos do pó de estrelas", refletem bem esta realidade, pois todos os elementos químicos conhecidos são sintetizados nestas gigantescas usinas de átomos, que constantemente emitem partículas subatômicas e ondas eletromagnéticas.

Quando uma estrela está em seu ocaso, este material é expelido para o espaço interestelar, no qual é utilizado na formação de novas estrelas de nosso universo, assim como na constituição dos planetas.

Existe uma porção da matéria que são tidas como primordiais, entre elas o Hidrogênio, o Hélio e o Lítio, que foram criadas nas primeiras fases da evolução do universo. Estes elementos foram os responsáveis pela formação das primeiras estrelas após o Big-Bang.

Mas quando todo o Hidrogênio do núcleo da estrela é consumido, ou convertido em Hélio, a estrela começa o processo de colapso, queimando o Hélio e convertendo-se em um núcleo de Carbono, além desta reação principal, outras sínteses são observadas, como a produção de Oxigênio e Neônio.

Neste estágio, a estrela já está com uma temperatura de cerca de 1 bilhão de graus, e o Carbono consumido gera então os elementos Magnésio, Sódio, Oxigênio e Neônio.

Esgotando-se o Carbono, e a temperatura em

torno dos 1,5 bilhões de graus, tem-se início o consumo de Oxigênio e a produção dos elementos Enxofre, Fósforo e Silício. O Ferro é produzido em seguida da extinção do Oxigênio, com a queima do Silício.

Elementos mais pesados como o Tório, Urânio e Bário são produtos de reações de estrelas mais massivas, que conseguiram chegar na fase da produção do Ferro. O nosso Sol, por exemplo, tem massa suficiente para chegar apenas na fase do Carbono.

A emissão destes elementos ocorre quando uma supernova explode e lança os elementos de sua geração ao espaço, o que irá servir para formar novas estrelas, e assim sucessivamente, o que nos traz novamente à memória o postulado creditado à Lavoisier.

Todos os átomos sofrem mudanças nestas condições, dos mais leves aos mais pesados, contudo, há uma substância cósmica fundamental que pelas suas características quânticas apresenta-se como a grande responsável pela constituição dos átomos fundamentais e, nesta altura, podemos postular, teoricamente, a existência de elementos químicos com número atômico menores que o Hidrogênio e maiores que o Oganessônio (Z=118).

Da matéria desprendida do Sol, aproximadamente há 4 ou 5 bilhões de anos, os elementos foram carregados por nuvens de gás que condensaram, formando os planetas de nosso sistema, o que explica a mesma ocorrência de átomos na Terra e na Lua, bem como na constituição dos planetas de nosso sistema. No *site* da NASA, há uma fotografia de concepção artística de uma estrela emitindo esta matéria solar muito interessante e sugestiva.

Os elementos mais voláteis, devido ao intenso calor inicial, produziram a atmosfera, enquanto Silício, Oxigênio e Alumínio formaram as rochas da superfície, e os elementos mais densos, como o Ferro e Níquel, deslocaram-se para o centro do planeta. Desta forma, a Terra é constituída por uma família de 10 elementos que juntos representam cerca de 98,9% da massa do nosso planeta. São eles: Ferro (36,8%); Oxigênio (29,4%); Silício (14,9%); Magnésio (6,7%); Alumínio (3,0%); Cálcio (3,0%); Níquel (2,9%); Sódio (0,9%); Titânio (0,5%) e Enxofre (0,7%).

AS CAMADAS DA TERRA

Tradicionalmente, a Terra é dividida em três partes: a Litosfera, Hidrosfera e Atmosfera.

LITOSFERA

É a parte sólida da Terra. Possui 30 km de espessura e contém os elementos apresentados na Tabela 1, dispostos em ordem de abundância:

ELEMENTO	SIMBOLO	ABUNDÂNCIA (em massa)
Oxigênio	O	46,6%
Silício	Si	27,7%
Alumínio	Al	8,1%
Ferro	Fe	5,0%
Cálcio	Ca	3,6%
Sódio	Na	2,9%
Potássio	K	2,6%
Magnésio	Mg	2,1%
Titânio	Ti	0,63%
Hidrogênio	H	0,13%
Fósforo	P	0,13%
Carbono	C	0,03%
Outros	-	0,48%

Tabela 1 – Elementos químicos encontrados na litosfera.

É na litosfera que encontramos os minerais de interesse da indústria, fonte dos principais elementos químicos utilizados em nosso dia-a-dia.

As primeiras atividades de extração de minérios do solo datam de aproximadamente 300.000 a.C., onde o objetivo era a obtenção de silex, mineral composto do elemento Silício, muito utilizado pelas comunidades do neolítico na confecção de armas, como pontas de lanças e flechas, e como ferramenta de corte.

Com o desenvolvimento da pirometalurgia, ou seja, o controle do fogo com temperaturas altas, a produção de ligas metálicas tornou-se realidade. Em 2600 a.C., o bronze era produzido fundindo-se uma base mineral composta de minérios de Cobre e Estanho, adicionando-se proporções de Zinco, Alumínio, Antimónio, Níquel, Fósforo e Chumbo para melhorar as características da liga base. O desenvolvimento desta técnica foi tão importante para o avanço da humanidade que marcou uma era, da mesma forma que a posterior idade do Ferro indicou um avanço ainda maior no conhecimento humano.

Para efeito de definição, somente é considerado como mineral, as substâncias que são encontradas na natureza e nunca fizeram parte de um ser vivo, desta forma, o petróleo não é considerado mineral. Além disso, deve possuir a mesma constituição química onde quer que seja encontrado, e os átomos são dispostos de maneira regular, seguindo um arranjo cristalino específico, portanto somente são encontrados na fase de agregação sólida.

HIDROSFERA

É a parte líquida de nosso planeta, cobrindo cerca de 80% da superfície da Terra.

A Tabela 2 apresenta os elementos encontrados na hidrosfera e sua referida abundância.

ELEMENTO	FORMA DE OCORRENCIA	ABUNDÂNCIA (em massa)
Hidrogênio	H_2O	10,74%
Oxigênio	H_2O	85,95%
Cloro	$Cl(aq)^{-1}$	1,9%
Sódio	$Na(aq)^{-1}$	1,1%
Magnésio	$Mg(aq)^{+2}$	0,13%
Enxofre	$SO4(aq)^{-2}$	0,088%
Cálcio	$Ca(aq)^{+2}$	0,040%
Potássio	$K(aq)^{+1}$	0,038%
Bromo	$Br(aq)^{-1}$	0,0065%

Tabela 2 – Elementos químicos encontrados na hidrosfera.

ATMOSFERA

É a parte gasosa da Terra. É constituída por uma mistura gasosa e sua composição pode variar em função do local, clima e altitude. A Tabela 3 apresenta uma distribuição de elementos químicos comumente observados na atmosfera.

Espécie gasosa	Forma molecular	Abundância(em volume)
Nitrogênio	N_2	78,08789%
Oxigênio	O_2	20,94944%
Argônio	Ar	0,92998%
Água	H_2O	0,1 a 2,8%
Gás carbônico	CO_2	0,02999%
Neônio	Ne	0,00179%
Hélio	He	0,00052%
Metano	CH_4	0,00015%
Criptônio	Kr	0,00009%
Monóxido de diNitrogênio	N_2O	0,00005%
Hidrogênio	H_2	0,000005%
Ozônio	O_3	0,000004%
Xenônio	Xe	0,000008%
Radônio	Rn	0,0000000006%

Tabela 3 – Elementos químicos encontrados na atmosfera.

ESTUDO ESPECIAL DOS ELEMENTOS QUÍMICOS

QUÍMICA ESPACIAL

Fizemos até aqui, uma pequena introdução a respeito da produção dos elementos químicos nas estrelas. Como dissemos, graças aos aparelhos de espectroscopia, aliado à potencialidade dos telescópios espaciais Hubble e Spitzer, o campo de trabalho dos pesquisadores na área de identificação de elementos químicos extraterrestres tem crescido bastante.

Este aparelho teve sua idealização em 1855[6], quando o alemão Robert Bunsen[7] inventou o equipamento mais utilizado em um laboratório químico, o bico de bunsen. Seu queimador foi projetado para produzir uma chama extremamente quente, da ordem de 1500°C, graças à mistura de ar do ambiente com o combustível e, assim, aquecer as substâncias até a incandescência.

Quando isso acontece, o átomo da substância emite luz de uma frequência característica. Isso acontece pois o elétron superficial do átomo da substância foi submetido a uma fonte de energia, que pode ser o calor, luz, etc., e com isso sofre uma mudança de um nível mais baixo para outro de

---

[6] Os passos para a construção de um espectroscópio caseiro podem ser encontrados em:
https://rd.uffs.edu.br/bitstream/prefix/561/1/KRAMER.pdf
[7] No ano em que se comemorou o Ano Internacional da Química, 2011, também se comemorou o bicentenário de nascimento desta grande e importante personalidade da ciência universal. N.A.

energia mais alto, chamado de excitação.

Este estado excitado é chamado de estado metaestável, ou seja, de curtíssima duração e, portanto, o elétron retorna imediatamente ao seu estado fundamental. A energia ganha durante a excitação é então emitida na forma de radiação visível do espectro eletromagnético, que o olho humano é capaz de detectar. Como o elemento emite uma radiação característica, ela pode ser usada como método analítico.

Em geral os metais, sobretudo os alcalinos e alcalinos terrosos, são os elementos cujos elétrons exigem menor energia para serem excitados.

Em 1859, Bunsen e Gustav Kirchhoff aprimoraram a técnica do espectroscópio e observaram as chamas incandescentes de várias substâncias e, nos espectros emitidos de vários elementos conhecidos constataram que eram constituídos de uma ou mais linhas coloridas. Alguns anos mais tarde, analisaram novas substâncias pelo mesmo processo e, em muitas delas descobriram novas linhas, concluindo corretamente que haviam descoberto novos elementos químicos. Poucos anos depois os astrônomos adaptaram o aparelho em seus telescópios, e com isso a análise espectral saiu dos laboratórios químicos e ganhou os laboratórios astronômicos.

Direcionando seus equipamentos para os mais distantes confins do universo, os pesquisadores obtêm informações preciosas sobre suas composições e a familiaridade com nosso sistema solar.

Com a utilização de espectroscópios

astronômicos, hoje sabemos que a coloração vermelha que a grande nebulosa de Órion apresenta, é devido a presença de Hidrogênio em alta temperatura, fato que pode ser constatado observando uma fotografia desta nebulosa, capturada pelo telescópio Hubble[8].

Sabemos também que a teoria que descreve a formação dos planetas de nosso sistema solar, a partir do desprendimentode massa elementar do Sol é, no mínimo, digna de estudos pois, a análise espectral do Sol e da atmosfera dos planetas vizinhos, demonstram a similaridade de composição química, como apresentado na Tabela 4[9], por exemplo, em Vênus e Marte o Oxigênio e o Carbono são encontrados na forma de dióxido e monóxido de Carbono na atmosfera. Em Urano, Netuno e Plutão é encontrado na forma de metano.

A astronomia classifica os planetas como terrestres e jovianos. Os terrestres estão mais próximos do Sol e apresentam crosta maciça, composta basicamente de rochas e metais pesados, silicatos, óxidos, níquel e Ferro, e são: Mercúrio, Vênus, Terra e Marte. Os jovianos são os planetas mais afastados do Sol: Júpiter, Saturno, Urano e Netuno, e sua composição é formada de elementos leves como o Hidrogênio, Hélio e de compostos gasosos como água, dióxido de Carbono, metano e amônia.

---

[8] <http://hubblesite.org/the_telescope/> acessado em fevereiro de2011.
[9]<http://portaldoprofessor.mec.gov.br/fichaTecnicaAula.html?aula=14741>.
Acessado em fevereiro de 2011.

Elemento	Sol (%)	Mercúrio (%)	Vênus (%)	Marte (%)	Júpiter (%)	Saturno (%)	Urano (%)	Netuno (%)	Plutão (%)
Hidrogênio	92,1				90	97	83	85	
Hélio	7,8	42	Traços		10	3	15	13	
Oxigênio	0,061	15	71	72					
Carbono	0.030		26	25			2	2	0,3
Nitrogênio	0,0034		3						0,3
Neonio	0,0076		Traços	0,00025					
Argônio			Traços	1,6					
Criptônio				0,00003					
Xenônio				0,000003					
Ferro	0,0037								
Fluor			Traços						
Silício	0,0031								
Magnésio	0,0024								
Enxofre	0,0015		Traços						
Sódio		42							
Demais	0,0015	1							

Tabela 4 – Distribuição de elementos químicos nos planetas de nosso sistema Solar.

QUÍMICA DO CORPO HUMANO

Também o nosso corpo e dos outros seres que vivem na Terra são um grande repositório de elementos químicos. Existem três que são os mais abundantes: Oxigênio, Carbono e Hidrogênio. Na sequência, há os macrominerais, com uma participação menor, entre eles o Nitrogênio, Cálcio, Fósforo, Potássio, Sódio, Magnésio e Cloro. E outros que, mesmo participando em quantidades muito pequenas são indispensáveis na manutenção das células simples e dos organismos complexos. Estes elementos são chamados de oligoelementos ou microminerais, e compreendem o Ferro, Zinco, Cobre, Manganês, Bromo, Selênio, Cromo, Iodo, Flúor, Enxofre, Arsênio, Boro, Molibdênio, Cobalto, Estanho, Níquel, Vanádio e Silício[10].

O Oxigênio está presente em cerca de 65% de nosso corpo, presente na água e nas moléculas orgânicas. Fundamental para a respiração celular, produz trifosfato de adenosina (ATP), uma substância química muito rica cm energia. Embora fundamental na manutenção da vida, apresenta uma toxicidade alta se a pressão parcial for superior a 0,5 atmosferas, causando danos aos pulmões.

O Carbono participa em 18,5%, e é encontrado em toda a molécula orgânica corporal. Embora fundamental na composição do corpo humano, seus compostos são extremamente tóxicos, como o caso dos cianetos e monóxido de Carbono, contudo

[10] Bailar, J.C.; Emeléus, H.J.; Niholm, R.; Trotman-Dickenson, A.F. (1978) Compreensive Inorganic Chemistry. Pergamon. Vol.1, 2, 3, 4, 5. 1ªEd.

outros são vitais, como a glicose.

Em 1777 surgiu a Química Orgânica, ramo da Química que estuda o Carbono e seus compostos. Batizada por Berzelius como **Teoria da força vital**, seus defensores baseavam-se na ideia, que se tinha até então, de que somente dos organismos vivos é que se podia obter seus compostos, contudo esta teoria foi derrubada em 1828 por Friedrich Wöhler, aluno de Berzelius, quando em seu laboratório sintetizou ureia, um composto de Carbono presente no corpo humano, a partir do cianeto de amônio.

O Hidrogênio está presente em nosso corpo na proporção de 9,5% na forma de água, na composição molecular de nossos alimentos e na maior parte das moléculas orgânicas.

O Nitrogênio participa em 3,2% na composição de nosso organismo. É componente de todas as proteínas e ácidos nucléicos, como os ácidos desoxirribonucleico (DNA) e o ácido ribonucleico (RNA). É um elemento difícil de ser assimilado e o ingerimos principalmente na alimentação de aminoácidos.

O Potássio está presente em nosso corpo em torno de 0,4%, principalmente na forma do cátion (K+). É importante na condução de impulsos nervosos e na contração muscular. Sua falta ou excesso pode acarretar em graves consequências cardíacas.

É encontrado nas frutas e vegetais frescos, especialmente banana, couve, batata e pão integral. É considerado um mineral macronutrienteessencial na nutrição humana, e uma escassez de sua concentração nos fluídos corporais pode causar uma condição conhecida como hipocaliemia, causando diarreia e vômito, podendo levar a morte. Os sintomas de uma carência de Potássio na dieta podem ser verificados em dores musculares, sensação de paralisia, diminuição nos reflexos condicionados, paralisia respiratória e arritmia cardíaca.

O Cobre é um micromineral com participação corporal de 0,0003%. Tem a importante função de regular a liberação de energia produzida pelo nosso organismo, e também auxilia na produção de melanina e na formaçãode glóbulos vermelhos do sangue. É encontrado em alimentos como fígado, cereais integrais, legumes e frutas, principalmente Pêra.

É transportado no corpo humano graças a presença de uma enzima chamada de ceruplasmina. Além de seu papel enzimático, com atuação principal no fígado, ele também é o responsável pelo transporte biológico de elétrons. Pessoas que fazem uso descontrolado de fenitoína apresentam uma diminuição desta enzima e, como resultado, uma maior concentração de Cobre no organismo.

Em casos de envenenamento por Cobre, observa-se no paciente sintomas semelhantes aos produzidos pelo Arsênico, com convulsões, paralisia e insensibilidade muscular.

Quando acontece de o corpo reter o Cobre que deveria ser excretado na Bile, a pessoa pode ser portadora de um distúrbio hereditário chamada de "doença de Wilson", caracterizado por distúrbios mentais e danos sérios ao fígado.

Com uma presença de 0,00001% no corpo o Flúor não é considerado um elemento essencial para a vida celular, contudo principalmente na forma de monoflúorfosfato de Sódio, é importante para a saúde dos dentes, daí ser adicionado aos cremes dentais[11].

É normalmente adicionado na água potável, contudo é uma prática em discussão, pois os especialistas afirmam que a água fluoretada faz mais mal que bem, devido ao Flúor reagir violentamente com os elementos do corpo, inclusive com o Cálcio dos ossos.

O Sódio, na forma de cátion (Na^+), é o elemento mais abundante fora das células, com presença de 0,2% no corpo. Atua como controlador do volume de água e mantem o volume do sangue em circulação no organismo.

Sua presença na corrente sanguínea é essencial para manter a condução de impulsos nervosos e a contração muscular. Quando há uma perda grande de água pelo corpo, os níveis de Sódio aumentam e causa uma condição conhecida como hipernatremia, conhecida popularmente como sede.

Quando o inverso acontece, ou seja, quando há uma grande ingestão de água, e a consequente diminuição de íons Sódio no corpo é verificada, o hipotálamo envia um sinal que causa a diminuição da presença do hormônio vasopressina, o que

---

[11] Olivares, M.; Uauy, R. (2004). Essential nutrients in drinking-water (Draft). World Health Organization.

resulta em uma maior produção de urina, procedimento que restaura o equilíbrio químico.

É encontrado em carnes, peixes, lentilha, cereais integrais e vegetais.

Devido a concentração de Sódio no fluído extracelular em animais ser maior que a do Potássio, que por sua vez é maior nas plantas, o primeiro é considerado o mais importante metal alcalino no metabolismo do reino animal, e o segundo é o mais importante metal alcalino no reino vegetal, responsável inclusive por seu crescimento.

Homens e animais, cujas dietas são baseadas na ingestão principalmente de frutos, grãos e vegetais, absorvem um adequado nível de Potássio destas fontes, mas necessitam de uma ingestão adicional de sal, caso contrário, experimentarão alguns efeitos da deficiência de Sódio.

De outro lado, homens e animais que vivem principalmente de carne, leite e outros alimentos derivados de animais, absorvem o Sódio destas fontes e não necessitam da ingestão de sal adicional. A falta do Sódio é sentida na sede, como dito acima, além de náuseas, cãibras musculares, distúrbio mental, e pode até causar a morte.

Embora elementos de uma mesma família possuírem a mesma característica química, e no caso do Sódio e Potássio apresentam características semelhantes no metabolismo humano, o Rubídio, o Césio e o Frâncio são tóxicos. Testes em animais submetidos a uma dieta baseada nestes três elementos, onde foi substituído o Potássio, causou hiperirritabilidade, espasmos musculares e a morte das cobaias.

O Cálcio é um macromineral com participação de 1,5% na composição de nosso corpo. Contribui para a rigidez de ossos e dentes e é necessário para muitos processos corporais, por exemplo na coagulação sanguínea e na contração muscular. Ele fica na membrana e seleciona o que entra nos ossos e o que sai deles.

Sua falta pode acarretar a má formação óssea, principalmente quando a criança não ingere a quantidade do mineral suficiente, contudo, uma super concentração pode causar a formação de pedras nos rins. A fixação do cálcio no corpo é facilitada graças a presença de vitamina-D, o Calciferol, que é produzida quando nos expomos ao sol.

O Manganês é um oligoelemento com concentração de cerca de 0,0001% no organismo humano. É um elemento considerado essencial, atuando no crescimento, no metabolismo de carboidratos e colesterol, e ajuda o Selênio a eliminar os radicais livres, responsáveis pelo envelhecimento das células. Seus compostos são menos tóxicos do que os compostos de Ferro, Níquel e Cobre.

Em excesso, principalmente causada quando há inalação de partículas de Manganês, é verificado um quadro de confusão mental, alucinação e a chamada síndrome extrapiramidal, conhecida como Doença de Parkinson secundária, manifestada por rigidez muscular, distonia e tremor. Sua carência pode provocar atrofia testicular e ovariana, perda de peso e distúrbios no sistema ósseo.

Outro oligoelemento é o Molibdênio, presente em 0,00002%. Apesar de sua concentração traço, é um dos responsáveis por criar a boa gordura e auxiliar na eliminação de radicais livres. Testes de laboratório indicam uma baixa toxidade de Molibdênio para humanos, situação diferente para com os animais, que além de apresentar uma alta toxidade, pode levar ao óbito.

O Selênio é encontrado na concentração traço inferior a 0,000003% no organismo. Está presente nas enzimas destruidoras de radicais livres e é classificado como não tóxico. Como um nutriente oligoelemento, age com o hormônio deiodinase da glândula tireoide.

É encontrado nas nozes, castanha do Pará, cereais, carne, peixe e, ovos. O excesso de ingestão de Selênio pode levar a selenose, cujos sintomas incluem um odor de alho na respiração, distúrbios gastrointestinais, perda de cabelo, descamação das unhas, irritabilidade, fadiga e lesões neurológicas. Casos extremos de selenose podem resultar em cirrose do fígado, edema pulmonar e morte[12,13].

O Ferro é um importante macromineral, presente em 0,1% no organismo humano, na forma dos cátions ferroso (Fe^{+2}) e férrico (Fe^{+3}). São íons componentes da hemoglobina, a proteína

---

[12] Freitas, S. C.; Gonçalves, E. B.; Antoniassi, R.; Felberg, I.; Oliveira, S.P. (2008) Meta-análise do teor de selênio emcastanha-do-brasil. Braz. J. Food Technol., v. 11, n. 1, pp. 54-62.
[13] P. R. Larsen and M. J. Berry. (1995) Nutritional and Hormonal Regulation of Thyroid Hormone Deiodinases. Annual Review of Nutrition. Vol. 15: 323-352.

encarregada de transportar o Oxigênio do sangue, e de algumas enzimas necessárias para a produção de ATP. Sua função é captar o Oxigênio dos pulmões e carrega-lo para o restante do corpo, através do sangue.

As reservas de Ferro no organismo humano são tão importantes que, quando é detectado uma infecção bacteriana, o sistema de defesa do corpo sequestra o Ferro dentro da molécula ferritina da célula, de modo que não possa ser usada pela bactéria. Uma boa dieta de Ferro pode ser encontrada em carnes, aves, peixes, leguminosas, etc.

Embora seja vital, o Ferro também apresenta níveis tóxicos, se presente em grande concentração. O caso mais comum é a reação natural do elemento com os íons peróxido, presentes no organismo, o qual produz radicais livres. Devido ao fato do organismo humano não possuir mecanismo de excretar o excesso de Ferro do corpo, sua absorção é grandemente controlada pelo sistema fisiológico, pois também pode danificar as células do sistema gastrointestinal, além de concentrar-se em órgãos como o coração e o fígado, o que pode inclusive levar a morte por overdose de Ferro.

Com participação de 0,0025%, o micromineral Zinco faz com que o gás carbônico fique no estado liquido, não permitindo a entrada de gás no sangue, o que seria fatal. Além disso, é o responsável pela cicatrização e atividade das enzimas. Na forma metálica não é tóxico, mas na forma de íons livres pode ser extremamente nocivo.

Também é um elemento considerado essencial,

pois está presente em milhares de proteínas no corpo humano e, uma deficiência em sua concentração é sentida em sintomas como queda de cabelo, lesões na pele, diarreia aguda, deficiências nos sentidos da visão, paladar e olfato, além de interferir na memória e, conforme o caso, levar a morte.

Em contrapartida, um excesso de Zinco no corpo humano é extremamente danoso, pois age dificultando a absorção de Cobre e Ferro pelo organismo, e neste último caso pode conduzir a um estado anêmico profundo.

Uma dieta equilibrada de Zinco é conseguida pela ingestão de ostras, feijão, nozes, cereais integrais, sementes de abóbora e sementes de girassol.

O Fósforo, como um macromineral na concentração de 1,0% no organismo humano, é considerado um elemento vital não somente no corpo humano, mas em todas as formas de vida conhecidas, pois está presente como íon fosfato (PO_4^{3-}) estruturando as moléculas de DNA e RNA.

O Fósforo, como íon fosfato, também é utilizado como transportador energético por meio do trifosfato de adenosina (ATP) pelas células, cuja estrutura também apresenta os fosfolipídios, importantes moléculas de gordura, pois possuem um comportamento antipático versátil, ou seja, é ao mesmo tempo solúvel em água, graças à cabeça fosfatada, e solúvel em gordura, graças à cauda constituída por cadeias de ácidos graxos apolar. É encontrado em laticínios, peixes, carnes vermelhas e cereais integrais.

O Cobalto, em concentração de 0,0004% no corpo humano, é um dos oligoelementos formadores das células vermelhas do sangue e componente da vitamina B-12.

A falta do mineral no corpo humano pode causar anemia e retardo no crescimento, e o excesso atua na disfunção da glândula tireoide, dermatites, cardiomiopatia, etc. A ingestão de certos alimentos fígado, leite, ostras e ovos, fornecem as doses necessária de Cobalto que o corpo humano precisa.

O Enxofre, na concentração de 0,3%, atua como capturador e eliminador de metais pesados altamente prejudiciais ao organismo, como Mercúrio e Chumbo. É componente de muitas proteínas, e também um elemento chave na manutenção da vida celular.

Compostos de enxofre, tais como dissulfeto de carbono, sulfeto de hidrogênio,e dióxido de enxofre são tóxicos, podendo causar irritação ocular e até ferimentos graves nos nervos dos olhos. Em altas concentrações, por volta de 700 ppm, a morte por asfixia é certa e, caso sobreviva, a pessoa apresenta dano cerebral permanente.

O Cromo é um dos elementos de menor concentração no organismo humano, cerca de 0,000003%, contudo sua presença é vital, pois na forma trivalente (Cromo III ou Cr^{+3}) atua com a insulina, hormônio produzido pelo pâncreas, a metabolizar o açúcar no corpo, e também no metabolismo de gorduras. A deficiência orgânica do Cromo pode levar a pessoa a um estado de ansiedade e fadiga, bem como atuar em problemas relacionados com o crescimento, mas se ingerido em uma dieta rica do elemento, a pessoa apresenta dermatites, úlceras estomacais e insuficiências renais e hepáticas.

Em grandeconcentração, como encontrado em laboratórios de cromação na forma de vapores, a pessoa pode ter seus olhos, pele e mucosas afetadas por irritação crônica, além disso, o íon Cromo VI, apresenta ainda características carcinogênica.

O Magnésio auxilia o ATP a armazenar energia na célula, e é fundamental para que diversas enzimas funcionem apropriadamente. Também tem forte ação na formação de anticorpos e no alívio do estresse. Está presente na concentração de 0,1% no organismo, e é encontrado nos cereais integrais, soja, legumes e frutas, principalmente maçã e limão.

O Cloro, presente na forma de íons cloretos na concentração de 0,2%, é o responsável por neutralizar as cargas positivas dos fluídos, que sempre devem possuir a característica neutra. É o ânion mais abundante fora das células, sendo essencial no fluído intersticial para manter o equilíbrio da água.

O Iodo, presente principalmente na glândula tireoide na concentração de 0,1%, controla o fluxo de energia do corpo, ligando-se aos hormônios tiroxina, ou tetraiodotironina (T4), e triiodotironina (T3) produzidos pela glândula. Uma deficiência na concentração de iodo no organismo causa um estado chamado de Hipotiroidismo, ocasionando doenças como o bócio e a mixedema, que causa as conhecidas "bolsas nos olhos". Nas crianças, uma falta de Iodo pode acarretar uma perturbação no seu desenvolvimento mental e físico, ocasionando um mal conhecido como cretinismo.

Há ainda a presença dos elementos Alumínio, Boro, Estanho, Silício e Vanádio, que mesmo em concentração traços, ainda não se conhece sua utilidade no corpo humano, pois não se sabe ainda nenhuma proteína que tenha estes elementos ligados, mas sabe-se que o Alumínio não apresenta grande toxidade, pois a maioria dos utensílios de cozinha utilizam o elemento na sua fabricação.

O Boro, por sua vez, é prejudicial para a estrutura celular, contudo não se conhece profundamente sua ação no organismo humano. Para as plantas é um elemento fundamental para seu crescimento, e os humanos o absorve quando ingerem verduras e leguminosas.

O Estanho, presente na dieta humana principalmente pelo contato do alimento com latas de conserva, não apresenta níveis tóxicos na concentração ingerida pelas pessoas.

O Silício é encontrado na concentração traço no interior da glândula pineal, na forma de cristais de quartzo.

O Vanádio, também presente como elemento traço, é importante na estrutura de certas enzimas, principalmente a vanadio-nitrogenase, uma enzima responsável pela absorção de Nitrogênio pelas bactérias. Em animais, a deficiência do elemento leva à problemas no crescimento e reprodução, no ser humano estuda-se a influência de complexos de oxovanádio no tratamento da diabetes mellitus[14].

[14] Andrey Castro Barbosa. Quelato complexos de oxovanádio (IV): potenciais mimetizadores de insulina. 2004. Dissertação de Mestrado em Ciências Exatas e da Terra - Universidade Federal de São Carlos, São Carlos, 2004. Disponível em: https://repositorio.ufscar.br/handle/ufscar/6623?show=full.

ALGUMAS ESTÓRIAS NA HISTÓRIA DA CIÊNCIA DOS ELEMENTOS

Alguns elementos já eram conhecidos e trabalhados pelo homem desde o início da civilização. O Ouro, a Prata, o Cobre, o Ferro, o Chumbo, o Estanho e o Enxofre, por suas características de maleabilidade eram amplamente empregados na fabricação de utensílios bélicos, joias, instrumentos agrícolas e para representarseus deuses. O Ouro, por exemplo, por seu reflexo ser similar ao Sol, era utilizado para representa-lo assim como a Lua, era representada pela Prata.

Falar de história da química e da descoberta dos elementos sem citar a Alquimia é um sacrilégio, contudo, não vamos nos aprofundar no assunto, pois não é objetivo deste trabalho, mas citaremos algumascuriosidades desta prática religiosa-teórico-experimental, bem como algumas referências, que os interessados poderão consultar.

Foram os egípcios os grandes cientistas alquímicos que transmitiram a arte aos árabes e, no século VIII d.C., a Europa teve acesso à esta prática filosófica graças às invasões árabes através da península Ibérica, espalhando este conhecimento por todo o Ocidente, principalmente através da grandiosa obra de Abu Musa Jabir ibn Hayyan ou da forma latina, Geber, alquimista árabe que também deixou trabalhos nas áreas de biologia, filosofia, astronomia e medicina. Foi o grande responsável pela introdução da prática experimental na alquimia, desenvolvendo ou aperfeiçoando técnicas como a destilação e a cristalização, assim como criando métodos de síntese de vários processos químicos, utilizados inclusive na química atual, como a preparação dos ácidos nítrico e clorídrico e assim, a invenção da água régia, única substância capaz de dissolver o Ouro, além dos processos de preparação do ácido acético, cítrico e tartárico.

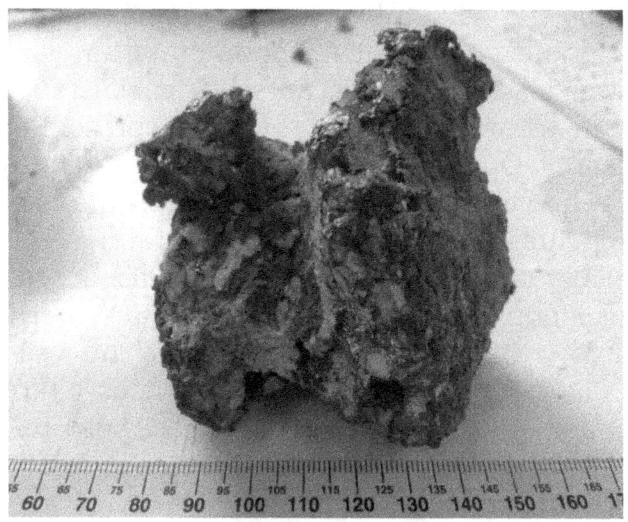

Figura 1 – Amostra de minério de Cobre nativo.

Sobre a importância da experimentação na química, ele já dizia, a cerca de 1300 anos atrás, o que nós sabemos e dizemos hoje no ensino da química moderna:

"O primordial na alquimia é a experimentação. Aquele que não pratica a experimentação nunca dominará a Alquimia".

Com caráter filosófico-religioso, as observações

do processo de transmutação que ocorria nos metais era, na verdade para os egípcios, a mudança espiritual que precisava ocorrer no ser humano, e para isto ocorrer, deveria trabalhar para evoluir de sua vida terrena, simbolizada pelos metais não nobres, para uma vida celestial, representada pelo Ouro, o mais nobre dos metais. Desta forma, a alquimia é uma filosofia que auxilia o praticante a purificar-se, removendo assim suas impurezas para se atingir a perfeição.

Grande parte da simbologia, equipamentos e do vocabulário empregado na química moderna, tiveram sua origem em escritos alquímicos, por exemplo, em química analítica o método de análise por via úmida e via seca remonta aos "Caminhos Alquímicos", sobre os processos de manipulação experimental. A via úmida era realizada com água do orvalho e era mais segura, pois o aquecimento era moderado e durava meses e até anos. A via seca oferecia resultados mais rápidos, durava sete dias, contudo o risco de explosões era grande. Desta maneira, era uma via não muito procurada pelos alquimistas, dado sua instabilidade, contudo aqueles que a praticavam relatavam melhores resultados.

Os escritos e as práticas alquímicas são muitíssimos enigmáticos e à primeira vista indecifráveis, a primeira lição que um aprendiz ouvia de seu mestre era *"Ora, lege, lege, relege, labora et invenier"*, ou *"ore, leia, leia, releia, trabalhe e encontrarás"*.

É fácil entender este conselho quando lemos um trecho do livro de Johannes Valentinus Andreae (1586-1654), em seu livro "Núpcias Químicas de

Christian Rosenkreuz".

"Segundo dia:
(...) o Noivo te oferece a escolha de quatro caminhos pelos quais podes chegar ao Palácio do Rei[15], a condição de não desviares de tua rota. O primeiro é o curto, porem perigoso; o outro, mais longo, os rodeia, é plano e fácil se com a ajuda do imã não te desviares nem para a direita e nem para a esquerda. O terceiro é na verdade a via real, mas apenas um em cada mil chegam à sua meta por aqui. Ninguém pode chegar ao Palácio do Rei pelo quarto caminho, que é totalmente impraticável, já que consome o caminhante e só convém aos corpos incorruptíveis.
Vacilava ainda sobre o partido a dotar, quando meu corpo, esgotado pela fadiga reclamou seu alimento[16]. Colhi o pão e o cortei. Naquele instante, uma pomba branca[17] como a neve se aproximou docemente, e eu lhe ofereci compartilhar com ela minha comida. Porém um corvo negro[18], seu grande inimigo, nos divisou, se abateu sobre a pomba ambos voaram para o meio-dia. Senti-me tão irritado e aflito que persegui o insolente corvo e assim recorri, sem cuidado algum, quase toda a extensão de um campo nessa direção, até ao corvo e libertei a pomba. Só naquele instante me dei conta de que havia agido sem reflexão, havia penetrado em dois dos caminhos...(...)."

O Arsênio também era conhecido pelos gregos e romanos que o utilizavam na forma de seus sulfetos naturais, conhecido por Ouropigmento. Acredita-se que o padre dominicano alemão, Santo Albertus Magnus, por volta de 1250, tenha sido o primeiro a obter o metal aquecendo o minério com sabão. Como doutor da Igreja era muito conhecido por seu vasto conhecimento e pregava uma existência pacífica entre a ciência e a religião, também teve um papel

---

15 O Rei na alquimia representa o homem, consciência solar, ou o elemento Enxofre. N.A.
16 Está associado a operação da alquimiadenominada *coagulatio* ou solidificação. N.A.
17 Símbolo de espírito renovado ou infusão de energia superior. N.A.
18 Fase Negra (ou Melanose) é a primeira fase em alquimia. Relacionada com a calcinação. N.A.

fundamental na introdução dos conhecimentos gregos e árabes nas universidades da Europa medieval.

Um outro alemão, Theophrastus Philippus Aureolus Bombastus von Hohenheim, mais conhecido por Paracelsus, obteve sucesso na obtenção de Arsênio, quando aqueceu Ouropigmento com cascas de ovos.

Também era utilizado no mundo antigo na forma de sulfeto, empregado na cosmética para o escurecimento das pálpebras das mulheres e, descobertas arqueológicas recentes identificaram a presença deste elemento no conjunto de maquiagem das rainhas do Egito antigo.

Na Idade Média houve um grande avanço nos estudos de minerais e elementos químicos, e entre os primeiros químicos/mineralogistas, os monges alemães eram os mais destacados. Basilius Valentinus, ou Basílio Valentim, nasceu na cidade de Mainz por volta do ano de 1394. Era cônego e alquimista no Mosteiro Beneditino de São Pedro, na cidade alemã de Erfurt. Em seus trabalhos práticos obteve sucesso na preparação do amoníaco, a partir do cloreto de amônia e descreveu um procedimento experimental para obtenção do elemento Antimônio. Dentre seus trabalhos mais importantes destaca-se *"Currus Triumphalis Antimonii"*[19] e *"Duodecim Claves"*[20].

---

[19] A Carruagem Triunfal do Antimônio. O livro em latim pode ser encontrado em:
https://resources.warburg.sas.ac.uk/pdf/fgh4910b3215262.pdf
[20] Doze Chaves de *Basilio Valentim. N.A.*

Como religiosos, todo início de trabalho de pesquisa de um alquimista começava com uma profunda reverência a Deus, como podemos ver no título do Capitulo 1 da Obra "A Carruagem Triunfal do Antimônio", e na ilustração da Figura 2, observe a postura do homem a esquerda.

1. [Deus para ser o primeiro invocado]

"A Invocação de Deus deve ser feita com uma certa intenção Celestial, retirados do fundo de um coração puro e sincero, e de consciência, livre de toda a ambição, a hipocrisia e todos os outros vícios, que possui afinidade com estas, como arrogância, ousadia, orgulho, luxúria, petulância mundanas, opressão dos pobres, e outros males, todos os que estão a ser erradicados para fora do coração, que quando um homem deseja se prostrar diante do Trono da Graça, para a obtenção de saúde física, ele pode fazer que, com uma consciência livre de todas as ervas daninhas não rentáveis, que seu corpo pode ser transformado em um templo santo de Deus, e ser purgado de toda impureza, moralmente contaminada (...)".

É uma obra grandiosa e magnífica que sugiro a leitura do texto na integra. Neste trabalho, Basílio Valentim também descreve o Mercúrio e métodos de preparação de cerveja medicinal, antídotos contra veneno, etc.

Georgius Agrícola, nascido na Saxônia no ano de 1494, é considerado o pai da mineralogia. Em seu tratado *"De Re Metallica"*, de 1556, descreve a obtenção do Antimônio, Prata, Ouro e outros minerais desde o veio, até as ferramentas necessárias para a purificação do metal.

Outro precursor da química é Nicolás Lémery. Nasceu na França em 1645, e como químico foi o primeiro a desenvolver uma teoria sobre o comportamento de bases e ácidos com fundamentos não alquimistas, mas com comportamento corpuscular. Entre suas publicações estão o Tratado sobre o Antimônio e o *"Cours de Chymie"*.

Neste último, publicado em 1690, ele define a química no seguinte aspecto:

"A química é uma Arte que se destina a separar as diferentes substâncias que se encontram em uma mistura: Entende-se por mistura, as coisas que crescem naturalmente, a saber os minerais, os vegetais e os animais. Com o nome de minerais, eu entendo os sete metais, os minerais, as rochas, e as terras: Como vegetais, as plantas, as borrachas, as resinas, as frutas, os tipos de fungos, as sementes, os sucos, as flores, as espumas, e toda as outras coisas que vier: Como animais, os animais e eles próprios como suas partes e seus excrementos".

E descreve a história, aspectos, propriedades e preparação dos sete metais: Ouro, Prata, Estanho, Bismuto, Chumbo (também conhecido como saturno), Cobre e Ferro; das substâncias Antimônio, Mercúrio, Arsênico e cal e, compostos como sal comum, nitratos, etc.

Neste gigantesco trabalho, de mais de 700 páginas, encontramos descrições dos metais com termos alquímicos, como é o caso do Ouro.

"O Ouro ocupa o primeiro lugar entre os sete metais porque ele é o mais perfeito, o mais pesado e ele é dito receber as influências do melhor de todos os Astros que é o sol. Ele é chamado de Rei dos metais pela mesma razão; é um material muito compacto, maleável, irregular em suas partes: Observa-se fortemente poros de diferentes tamanhos, quando visto em um bom microscópio".

Da Prata:

"A Prata ocupa o segundo lugar entre os metais, é um material muito compacto, unido ou menos áspero que o Ouro cujos poros são mais uniformes em seus tamanhos. É maleável como o Ouro, mas não se estende muito com o martelo e não é tão pesado. Associada à Lua, como resultado tanto por causa de sua cor como por causa das influencias que os antigos acreditavam receberem da Lua. Lhe é atribuída uma série de propriedades para doenças do cérebro, mas estas virtudes não tem nenhuma base, exceto na imaginação dos vários Astrólogos e Químicos que alegam que a Lua possuía uma série de correspondências com a cabeça. Não há necessidade de que eu minta para refutar essa visão, a experiência mostra-nos muitas vezes que é um abuso".

E o Antimônio,

"O Antimônio é um mineral composto de Enxofre, semelhante ao comum e de uma substância dura próximo do metal, que é chamado de *stibium*, do latim. É encontrado em várias regiões da Transilvânia, da Hungria, França e Alemanha".

O Bismuto na forma metálica, já era citado no século XV por Basílio Valentim como *wismute*, e empregado para a confecção de objetos de arte e utensílios em geral. Paracelsus também o estudou, mas não o considerava um metal. Devido à sua semelhança com o Chumbo e Estanho, e sua característica quebradiça, muitos acreditavam que não era um elemento específico. Agrícola foi quem confirmou sua identidade como um elemento à parte do Chumbo e Estanho. Em sua obra *De natura fossilium*, de 1546, ele cita o *wissmuth*, ou na forma latina *bisemutum*[21].

---

[21] Agricola, G. Disponível em:
<http://www.farlang.com/gemstones/agricola_textbook_of_mineralog y/page_001> Acessado em 02/2011

O metal Zinco também é um antigo conhecido da humanidade, pois os antigos egípcios já o usavam na forma de liga com Cobre. Os romanos também obtinham a liga de Zinco fundindo minerais que o continham, principalmente na forma de seu óxido ou carbonato, com o metal Cobre. Dioscórides descreve que o *aurichalcum*[22] era obtido pelo aquecimento em um cadinho quando se misturava o mineral calamina[23] com Cobre, mesmo procedimento utilizado no decorrer dos anos por Albertus Magnus, Agrícola, Basílio Valentim, Andreas Libavius[24] e Paracelsus, que anos depois, descreveu algumas propriedades do metal.

Em 1746 um outro alemão, Andreas Sigismund Marggraf isolou o metal puro aquecendo a calamina com Carbono. Todo o procedimento ele relatou em sua obra *"Sobre o método de extração do Zinco de um mineral verdadeiro, a calamina"*, e por isto é reconhecido como o descobridor do metal[25].

Suas aplicações ampliaram-se muito desde a antiguidade, e nos tempos modernos o Zinco é

---

[22] Latão. N.A.

[23] A designação calamina é um nome genérico, usado ainda nos dias de hoje, para designar os três princiais minérios de Zinco, o smithsonita ($ZnCO_3$), o hidrozincita $Zn_5[(OH)_3 CO_3]_2$, e herminofita $Zn_4Si_2O_7(OH)_2H_2O$. N.A.

[24] Andreas Libavius era de origem alemã, com conhecimentos profundos e críticos em medicina e química. Foi professor na Universidade de Ilmenau, Coburg e Jena, na Alemanha. É mais conhecido graças à sua grande obra *"Alchemia"*, publicada em 1597, que traz procedimentos sistemáticos, utilizadas pela química moderna, além de metodologia de preparação de substâncias ácidas. Como costume da época, também era conhecido por seu pseudônimo *Basilius de Varna*. N.A.

[25] Weeks, M. E. (1932) The discovery of the elements. III. Some eighteenth-century metals. Journal of chemical education. Vol. 9 pp. 22-30.

utilizado em galvanoplastia, fosfatação, em ligas como o próprio bronze, a Prata-Níquel, solda, e a Prata alemã[26].

Na indústria automobilística é usado na estrutura da carroceria do carro e baterias. Na indústria naval é empregado como ânodo de sacrifício para proteção catódica do casco, contra a corrosão ocasionada pela água do mar. Na indústria musical o Zinco é utilizado nos modernos órgãos de tubos graças às suas características em acústica para tons baixos. Na indústria de pigmento é largamente empregado na forma de óxido de Zinco, e na indústria da borracha como catalizador. Na cosmética é utilizado como excipiente em cremes contra desidratação e em colírios oculares, na forma de cloreto é usado como desodorante, e na indústria ótica o sulfeto de Zinco é usado como material luminescente em placas conversoras de radiação.

Muitos alquimistas acreditavam que a pedra filosofal era conseguida a partir de substâncias orgânicas, e em particular as produzidas pelo corpo humano. Partindo desta ideia o alquimista alemão Hennig Brandt, no ano de 1669 teve acesso a um livro escrito pelo alquimista alemão Thomas Kessler, em 1641, intitulado *"Fünf Hundert Auserlesene Chymische Prozeß und Arzneien"*, literalmente traduzido como: "500 Processos Requintados Alquímicos e Medicamentos". Nesta grande obra se encontra a afirmação de que a Prata poderia ser obtida misturando-se alumbre[27], nitrato de Potássio

---

[26] Liga de cobre com níquel e eventualmente zinco. Tambémconhecida por paktong, prata nova e alpaca. N.A.

[27] Sulfato duplo de um metal trivalente, por exemplo, o $KAl(SO_4)_2.12H_2O$.

e a urina humana. Sua metodologia consistia no aquecimento da urina em um forno, que era acondicionada em uma retorta, até ao rubro. Neste ponto, ao se observar vapores que preenchem todo o instrumento, recolhe-se o líquido que sai pela abertura da retorta e o guarda em outro recipiente coberto. Neste momento, enquanto o liquido solidificava-se, emitia uma viva coloração verde claro.

Guardou segredo de sua descoberta, como era comum entre os alquimistas, e trabalhou o resto de sua vida tentando aplicar sua descoberta na obtenção do Ouro.

Somente mais tarde é que o mundo tem conhecimento de suas descobertas, graças a Gottfried Leibniz, que publicou uma versão de seus estudos, como a descoberta do Fósforo. Os passos para sua obtenção são: 1) ferve-se a urina até que reste um xarope espesso; 2) Mantêm-se o aquecimento até que se obtenha um destilado avermelhado e viscoso; 3) Deixe o restante esfriar, onde este é formado por duas partes, uma superior de forma esponjosa e cor escura e, uma inferior salina; 4) Descarta-se a parte salina e mistura-se o destilado avermelhado com o material escuro; 5) Aquece-se esta mistura intensamente durante 16 horas; 6) Inicialmente se desprende um vapor branco, seguido de um líquido oleoso e finalmente o Fósforo; 7) Para solidificar o Fósforo, pode-se passar por água fria.

O pó branco que brilhava no escuro e incendiava-se espontaneamente em contato com o ar, era uma visão maravilhosa para um alquimista e para nós mesmo, hoje em dia, no laboratório da universidade com nossos alunos.

Figura 2 – Interior de um laboratório alquímico. Ilustração na obra *Amphitheatrum Sapientiae Aeternae, de* Heinrich Khunrath – 1595.

Uma outra prática alquímica era a obtenção de Prata, a partir da transmutação do Chumbo. Para isso se serviam de um recipiente feito a partir de cinzas de ossos calcinado. O Chumbo metálico era colocado neste recipiente e levado a aquecer até sua fundição e oxidação. No fundo do cadinho, junto ao óxido, aparecia Prata metálica o que para os alquimistas era a prova de que o Chumbo originava o precioso metal.

Outra experiência de transmutação era observada na reação de óxido-redução em que o Ferro se transmuta em Cobre. Para isso serviam-se de uma barra de Ferro mergulhada em uma solução de vitríolo azul $(CuSO_4)$. Depois de um tempo verificavam que o Ferro havia desaparecido na solução, e no fundo aparecera um pó, que depois de tratado e fundido, verificavam que era Cobre metálico.

Devido estas perseguições dos alquimistas ao Ouro, um acontecimento inusitado envolveu Johann Friedrich Böttger, famoso alquimista alemão considerado como sendo um dos primeiros criadores da porcelana na Europa. No início de sua carreira, trabalhava como aprendiz de botica em Berlim. Sua fama começou a se alastrar quando afirmava que era capaz de fabricar Ouro. Isto despertou o interesse do rei Frederico I da Prússia, contudo Böttger resolveu partir e fixar-se na Saxônia. Lá, o rei Augusto I o aprisionou em Dresden e equipou-o com todo o necessário para que fabricasse o Ouro que tanto apregoava. Ouro propriamente dito não conseguiu obter, mas de forma acidental descobriu o método para a preparação da porcelana vermelha, conhecida como loiça, e um ano mais tarde a porcelana branca, ambas inéditas e de fama mundial. Tal fato o levou a liberdade e ao posto de diretor da indústria de porcelana de Dresden. Contudo, alguns anos mais tarde voltou para a prisão por haver revelado dados secretos da fabricação de porcelanas.

É a partir do século XVIII que muitos outros elementos são descobertos, entre eles o Cobalto, que foi isolado em 1743 pelo químico sueco Georg Brandt, contudo seus compostos já eram conhecidos e amplamente utilizados séculos antes, principalmente para colorir de azul vidros e cerâmicas. Brandt começou sua carreira ainda criança, quando acompanhava seu pai em trabalhos de metalurgia. Estudou medicina e química na universidade de Leiden e doutorou-se com 31 anos em Rheims. Em 1730 foi promovido ao cargo de diretor da Casa da Moeda de Estocolmo, e professor de química na Universidade de Uppsala. Em 1733, estudou detalhadamente o Arsênio e seus compostos, propondo a classificação dos semimetais ou metalóides. Nesta classificação ele admite o Bismuto como um meio-metal, e diferentemente de Lémery dizia que[28]:

"Assim como existem seis tipos de metais, eu também acredito e demostrei com confiáveis experimentos que também existem seis tipos de meio-metais: um novo meio-metal denominado régulo de cobalto, em conjunto com o Mercúrio, Bismuto, Zinco, e os régulos de Antimônio e Arsênico."

O Cobalto metálico não é encontrado livre na natureza, agregando-se em diversos minerais como subproduto do Níquel e Cobre. Os principais minérios de Cobalto são a cobaltita ($CoAsS$), eritrina ($Co_3(AsO_4)_2 \cdot 8H_2O$), cobaltocalcita ($(Ca,Co)CO_3$) e skuterudita ($CoAs_{2-3}$). As maiores jazidas de Cobalto

---

[28] Partington, J.R. (1962) A History of Chemistry, Vol. 3, Macmillan and Co., Ltd.: London, pp 168; 201

se encontram na China, Zâmbia, Rússia e Australia.

Na indústria, as aplicações do Cobalto são muito variadas, e é empregado na forma de ligas metálicas na fabricação de turbinas de aviões, aços, carbetos e na confecção de ferramentas especiais. É empregado como catalisador na indústria do petróleo, como revestimento metálico devido à resistência a corrosão, e como esmalte em vitrificados e pigmento para a indústria de tintas. Na medicina seus compostos são empregados em pequenas frações como fonte de vitamina B-12, essencial para regular as funções celulares e, o isótopo Radioativo Cobalto-60 é amplamente empregado como fonte de radiação gama para efeitos de tratamento por Radioterapia, na esterilização de materiais cirúrgicos e alimentares e na inspeção de materiais pela gamagrafia.

Reduzido à pó, o Cobalto metálico é inflamável e seus compostos devem ser manipulados com cautela, devido à sua toxidade.

Desconhecida dos europeus até a era das Grandes Navegações, e largamente utilizada pelos povos pré-Colombianos da América do Sul, a Platina foi descoberta e levada ao continente pelo espanhol Antônio de Ulloa em 1735, todavia, desde 1557 há referências sobre ela nos diários de Julius Caeser Scaliger, um cientista italiano nascido em 1484. Devotado seguidor de Aristóteles, deixou uma vasta obra que abrange a literatura, filosofia e medicina. Scaliger cita este metal, descoberto nas minas das Américas, e a impossibilidade de o fundir por qualquer método conhecido na época. Somente foi purificada em 1803 pelo inglês W. H. Wollaston que dissolveu o metal em água régia, procedimento que o possibilitou a descobrir os elementos Paládio e Ródio.

É encontrada no minério esperrilita ($PtAs_2$), associado ao Ouro e ao quartzo. Pela sua densidade ser próxima ao do Ouro, era frequentemente utilizada para falsifica-lo, pois não tinha a importância econômica como atualmente, basta observar o nome depreciativo pelo qual a denominaram, ou seja, um diminutivo da palavra em espanhol "plata".

A Platina tem uma grande aplicação, principalmente no estado metálico. Na indústria da Química Orgânica é empregado como catalisador em reações de hidrogenação, no aumento da octanagem da gasolina, na purificação de gases e, na produção de ácido nítrico, onde é empregado como catalizador na liga Platina-Ródio. Na forma da liga Platina-Irídio é emprega em joalharia e em materiais de laboratório, e na liga Platina-Paládio é empregada em odontologia como próteses dentárias.

Na medicina, pesquisas recentes mostram que compostos contendo a Platina, como a cisPlatina, podem ser utilizadas em quimioterápicos para tratamento de câncer, embora apresente reações adversas como problemas renais e gastrointestinais, o que é facilmente controlado ao cessar a ingestão[29].

Em 1751 o Níquel foi obtido de forma pura pelo barão sueco Axel Fredrik Cronstedt, aluno de Georg Brandt. Cronstedt fez grandes contribuições ao

---

[29] Fontes, A. P. S.; Almeida, S. G.; Nader, L. A. (1997) QUÍMICA NOVA, 20(4).

desenvolvimento da química e geologia, e destacou-se em seus trabalhos no uso da química como base para a classificação de minerais, deixando a obra *"An Essay Towards a System of Mineralogy"* como legado. Por sua grande contribuição é considerado como um dos fundadores da mineralogia moderna[30].

Trabalhando com o mineral niquelina, afim de extrair o Cobre, obteve um metal branco e, devido aos mineiros atribuírem à presença do diabo (*kupfernickel* - diabo do Cobre) em alguns minerais de Cobre difíceis de trabalhar, batizou este novo metal de Níquel.

É encontrado em diversos minerais como a garnierita $(Ni,Mg)_6[(OH)_8Si_4O_{10}]$, millerita (NiS) e pentlandita $(Fe,Ni)_9S_8$. A obra "Balanço Mineral Brasileiro", publicação oficial do governo federal, informa que as reservas nacionais são estimadas em 301.016.980 t do minério, com teor médio de 1,61% do elemento, concentradas nos Estados de Goiás (75,9%), Pará (14,5%), Piauí (6,7%) e Minas Gerais (3,0%)[31].

Como apresenta grande resistência a corrosão é muito empregado como revestimento através do processo de eletrodeposição, chamado de niquelagem. Grande parte de sua produção alimenta a indústria de aço inoxidável, formado por uma liga contendo Ferro, 18% de Cromo e 8% de Níquel.

---

[30] Cronstedt, A. F. (1798) An Essay Towards a System of Mineralogy. Charles Dilly. Londres. Disponível em: https://library.si.edu/digital-library/book/essaytowardssys00cron. Acessado em dezembro/2021

[31] Disponível em: http://www.dnpm.gov.br/assets/galeriadocumento/balancominera2001/niquel.pdf. Acessado em fevereiro de 2006

Outras ligas contendo o Níquel tem muito interesse industrial, como o *Monel*, feita de Níquel e Cobre onde, devido sua resistência à compostos fluorados, é utilizado na indústria do Flúor e construção naval. A liga conhecida como *Invar*, constituída de 64% de Ferro e 36% de Níquel, é utilizada na fabricação de instrumentos destinados às medidas de precisão, devido ao fato de possuir um coeficiente de expansão térmica muito baixo.

Outra liga muito interessante é a *Nitinol* (do inglês *Nickel Titanium Naval Ordenance Laboratory*), que apresenta a propriedade de uma vez deformada, voltar a sua forma original.

Para grandes temperaturas, emprega-se uma liga de alumineto de níquel (Ni_3Al), cuja resistência cresce com o aumento da temperatura. Também a cunhagem de moedas é outra aplicação do metal, bem como na forma de catalisador empregado no processo de hidrogenação, por exemplo, na indústria alimentícia.

Também é utilizado na indústria aeronáutica, no projeto da turbina de aviões, onde um dos componentes mais importantes de sua configuração é o ventilador, peça que suga o ar externo para dentro da estrutura da turbina.

Afim de aumentar a eficiência de absorção de ar, estas pás apresentam micro orifícios, e quando o ar sugado apresenta grande concentração de partículas, estes orifícios sofrem entupimento, podendo causar sérios danos.

Um caso particular é a contaminação do ar por cinzas vulcânicas, pois devido sua composição química assemelhar-se muito com talco e, devido à alta temperatura atingida no interior da turbina, suas propriedades são alteradas e assumem uma forma adesiva, fixando-se nas pás da turbina, o que devido ao entupimento dos diminutos orifícios de refrigeração, haverá uma diminuição do fluxo de gases no interior da turbina, o que causará um superaquecimento das lâminas.

Em termos biológicos, A exposição ao metal Níquel e seus compostos solúveis deve ser evitado em concentração superior ao de 0,07 mg/cm³, em um regime de trabalho de 8 horas diárias. Segundo a Agência Nacional de Saúde, pessoas que apresentam alta sensibilidade ao metal possuem alergias cutâneas.

Outra descoberta de Paracelso foi o gás Hidrogênio, que ao reagir metais com ácidos observou o desprendimento de uma substância vaporosa altamente inflamável, sem desconfiar que o produto da reação era um novo elemento químico[32]. Embora tenha descrito o método de obtenção detalhadamente, não é creditado a ele sua descoberta.

Em 1671, o filósofo natural Robert Boyle isola o Hidrogênio quando fez reagir limalha de Ferro e soluções ácidas. A contribuição de Boyle no desenvolvimento da ciência moderna é tão marcante, que podemos citar sua grande cooperação no desenvolvimento da teoria atômica com seu estudo dos gases, deduzindo a lei que leva o seu nome; na invenção de um indicador de ácido, feito com o

---

[32] Andrews, A. C. (1968) *The Encyclopedia of the ChemicalElements.* New York: Clifford A. Hampel. pp 272. LCCN 68- 29938.

substrato da planta Violeta (*Saintpaulia ionantha)*; no isolamento do elemento Enxofre, que aliás, foi ele quem primeiro apresentou a noção de elemento químico. Também sintetizou as substâncias acetona, fosfina e o álcool metílico, e provou que o ar é uma mistura de gases. Melhorou a máquina que o alemão Otto von Guericke inventou para produzir vácuo, equipamento muito utilizado em seus estudos sobre eletricidade e pressão, aperfeiçoou o termômetro de Galileu e, entre outros trabalhos que abrangem filosofia, publicou um no qual refuta, com grande maestria, as ideias de Aristóteles sobre os quatro elementos, ainda em voga em sua época.

O gás Hidrogênio foi novamente isolado e estudado, como elemento químico, por Henry Cavendish em 1766, quando fez reagir ácidos diluídos sobre o Ferro e Zinco. Chamou o gás liberado de "ar inflamável" e, em 1781 observou que o Hidrogênio produzia água quando queimado. Por suas observações e experimentações é creditado a ele a descoberta do elemento[33].

Lavoisier e Laplace é quem batizaram o elemento, quando reproduziram a experiência de Cavendish queimando o Hidrogênio. O nome sugerido vem de sua característica, do grego υδρώ - hidro (água) e γένος – genos (criador, gerador).

O Hidrogênio não existe em liberdade na natureza, exceto nas emanações vulcânicas, nas fermentações e na decomposição de corpos

---

[33] Cavendish, H. (1766) Three papers, containing Experiments on factitious Air. Philosophical Transactions of the Royal Society of the London. Vol. 56, pp 141-184

orgânicos. Sua maior incidência é na forma combinada com o Oxigênio formando a água, e com o Carbono, formando todas as substâncias estudadas pela química orgânica.

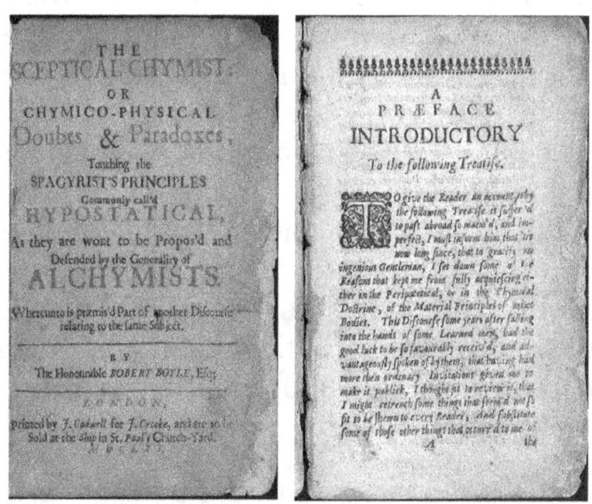

Figura 3 – Capa e 1º página do livro "*Sceptical Chymist*" (1661) de Boyle[34].

O emprego do Hidrogênio é dos mais variados. É utilizado em maçaricos Oxigênio-Hidrogênio para cortar ou soldar metais, na produção de amônia, na hidrogenação de óleos vegetais, na indústria de corantes e, na redução catalítica do benzeno para produção do náilon e do metanol. Uma de suas mais importantes aplicações na atualidade é como combustível limpo, empregado em veículos

---

[34] Boyle, R. Livro completo disponível em: https://www.gutenberg.org/ebooks/22914 Acessado em dezembro de 2021.

automotores[35].

É encontrado em três isótopos: $_1H^1$ (Hidrogênio); $_1D^2$ (deutério) e $_1T^3$ (trítio). Combina-se fácil e diretamente com os não metais Flúor, Cloro, Bromo, Iodo, Oxigênio, Enxofre, Selênio, Nitrogênio e Carbono.

Com os metais Sódio e Potássio, a combinação também é direta, mas somente é verificada em condições especiais, quando aquecidos numa atmosfera deste gás. Outros hidretos metálicos (união do Hidrogênio com outros metais), aparecem somente com Hidrogênio nascente, ou seja, o momento em que a substância é produzida e, nesta condição, ela possui reatividade maior que no estado molecular, pois no estado nascente a substância se apresenta sob a forma de átomos que podem entrar imediatamente em reação.

Este estado especial é simbolizado como <X>, o qual o **X** representa uma entidade atômica qualquer. Para ilustrar, podemos citar a reação entre o Cloro e o Ouro. O Cloro dificilmente ataca o Ouro, mas o Cloro nascente reage imediatamente com o metal.

O Hidrogênio é um gás altamente inflamável, é incolor, inodoro e insípido. Liquefaz-se à $-140°C$ sob uma pressão de 600 atm. A sua densidade em relação ao ar éde 0,0898g/L, sendo 14,15 vezes mais leve que o ar.

Por esta característica o gás foi usado nas experiências com o dirigível Zeppelin e pela sua alta

---

[35] Spatially resolved oxygen reaction, water, and temperature distribution: Experimental results as a function of flow field and implications for polymer electrolyte fuel cell operation Thiago Lopes, Otavio Beruski, Amit M. Manthanwarc, Reynaldo Pugliesi, Marco Antonio Stanojev et al. Applied Energy Vol. 252, October 2019.

inflamabilidade, o balão incendiou-se matando centenas de pessoas.

No laboratório químico escolar são várias as possibilidades de sua obtenção, as quais citamos algumas no capítulo ESTUDOS PRÁTICOS DE ALGUNS ELEMENTOS QUÍMICOS.

Um outro gás, altamente reativo e utilizado como substância fundente a fim de se rebaixar o ponto de fusão de substâncias metálicas ou minerais, foi descrito por Georgius Agricola em sua obra *De re metallica*, quando utilizava a fluorita (CaF_2). Mais tarde, em 1725, John George Weygand publicou um trabalho sobre a utilização de um produto da fluorita que possuía a característica de dissolver o vidro. A fórmula, pelo que parece, havia sido dada a ele por Matthäus Pauli, químico da Universidade de Dresden, que por sua vez tinha tomado conhecimento desse produto através de um vidraceiro inglês que o guardava em segredo e, em 1768 Marggraf publica o primeiro trabalho descritivo da reação química envolvendo o ácido fluorídrico.

Três anos após a publicação, o químico sueco Carl Wilhelm Scheele, tem acesso aos trabalhos de Marggraf e inicia uma pesquisa sistemática e metódica, com o intuito de desvendar a natureza química do mineral fluorita e suas reações com os ácidos disponíveis. Colocando em uma retorta de vidro uma mistura de fluorita pulverizada e ácido sulfúrico, observou que o vidro sofria ataque pelas emanações desprendidas desta mistura. Examinando o resíduo sólido da retorta, verificou a presença de cal, com a adição de amônia. O vapor que era produzido ele fez passar por água e constatou uma massa branca, que posteriormente foi identificado como sílica. A solução resultante apresentou características ácidas, e Scheele a chamou de "Flußspatsäure" (ácido de fluorita - ácido fluorídrico). Todavia, devido ao grande poder reativo do Flúor, Scheele foi incapaz de isola-lo, pois sempre reagia imediatamente com outras substâncias. A proeza foi conseguida somente em 1886 pelo químico francês Henri Moissan[36,37], que o preparou através do processo de eletrólise do fluoreto de hidrogênio liquefeito e isento de água, com certa concentração de biflúoreto de potássio, a fim de aumentar a condutividade elétrica.

Uma vez isolado, o Flúor apresenta uma coloração amarela. Reage com quase todos os materiais orgânicos e inorgânicos, mesmo com Ouro e Platina. Em contato com Hidrogênio gasoso reage com violência, podendo ocasionar explosão. Em contato com água forma o ácido fluorídrico e ozônio. Expelido sob pressão em direção ao tecido humano causa queimaduras muito graves e de difícil cicatrização.

É uma substância considerada estratégica em termos militares, pois durante a II Guerra Mundial o Flúor foi utilizado para fins muito especiais na Alemanha e Estados Unidos. Na Alemanha era utilizado para produzir um novo agente incendiário, o triflúoreto de Cloro e, nos Estados Unidos, o Flúor foi utilizado para a produção de hexafluoreto de

---

[36] Moissan, H. (1886). Action d'un courant électrique sur l'acide fluorhydrique anhydre. *Comptes rendus*. 102 pp 1543–1544.
[37] Moissan, H. (1892). Détermination de quelques constants physiques du fluor. *Ann. Chim. Phys.* 1892, Vol. 25 [6] pp. 125

Urânio, matéria prima para a construção de bombas atômicas. Nos dias de hoje, o principal consumidor do elemento Flúor são as empresas de processamento de combustíveis para as centrais nucleares geradoras de energia elétrica.

Todo o século XVIII foi um período de grande agitação em todas as áreas das ciências conhecidas. A química, naturalmente, não ficou de fora desta Odisséia e, diferentemente de Ulisses, vários heróis descobriam simultaneamente o rastro dos elementos químicos e, aquele que descobria e publicava primeiro suas pesquisas, era reconhecido como o descobridor do elemento, e assim foi com o Nitrogênio.

Suas substâncias eram conhecidas desde a antiguidade pelos alquimistas, mas seu estudo e obtenção aconteceu em 1772 pelo Médico e botânico escocês Daniel Rutherford. Em sua dissertação para obtenção do grau de Mestre em medicina, intitulada: *De Aere Fixo dicto Mephitico aut*, estabeleceu a distinção entre o gás carbônico (CO_2) e o gás Nitrogênio (N_2). Ao mesmo tempo, outros cientistas famosos também realizavam trabalhos de caracterização do elemento, como Lavoisier, que o identificou como elemento e o batizou como azoto, cuja tradução é: impróprio para manter a vida. Também Joseph Priestley, Cavendish, Scheele - que conseguiu isola-lo -, e Jean Antoine Chaptal, que em 1790 finalmente o batizou de Nitrogênio, ou: formador de salitre, devido suas observações práticas na preparação do ácido nítrico.

Este século, além dos grandes avanços na química e nas ciências de um modo geral, também foi marcado pela grande reviravolta na sociedade, ocasionado pela revolução francesa. Muitos químicos perderam a vida, como o próprio Lavoisier, e Chaptal somente não foi executado graças à intervenção de amigos. Chaptal foi um químico muito ativo, deixando obras magníficas como: *Élémens de Chymie (1790), em 3 volumes*; *Traité du salpétre et des goudrons* (1796); *Tableau des principaux sels terreux* (1798); *Essai sur le perfectionnement des arts chimiques en France* (1800); *Art de faire, de gouverner, et de perfectionner les vins* (1819); *Traité théorique et pratique sur la culture de la vigne, avec l'art de faire le vin, les eaux-de- vie, esprit de vin, vinaigres simples et composés* (em 2 volumes (1801); *La Chimie appliquée aux arts* (1806), em 4 volumes; *Art du peinture et du degraisseur* (1800); *De l'industrie française* (1819), em 2 volumes e *Chimie appliquée à l'Agriculture* (1823), em 2 volumes.

O Nitrogênio gasoso constitui cerca de 78% do ar atmosférico da Terra e forma vários sais solúveis. No solo, são utilizados pelas plantas para seu desenvolvimento, naturalmente pela ação das bactérias presentes em suas raízes, e artificialmente na forma de fertilizantes químicos como o nitrato de potássio (salitre), e o nitrato de amônio.

Devido sua característica inerte, ou seja, possui baixa reatividade, é empregado como atmosfera artificial em muitos segmentos da indústria de combustíveis, eletrônica, na indústria alimentícia e metalúrgica. Na medicina é empregado em processos de criogenia. Na indústria bélica é empregado na forma de salitre para a obtenção da pólvora, está presente na formulação da nitroglicerina e do trinitrotolueno. Também seus compostos, como a hidrazina, são utilizados na indústria aeroespacial, como combustível propulsor de foguetes.

A descoberta do Oxigênio é dividida entre o inglês Joseph Priestley e o sueco Carl Wilhelm Scheele, contudo, é conhecido desde a antiguidade em experiências de combustão com o ar, conduzidas pelo filósofo e escritor grego Philon de Bizâncio (séc. II a.C.), anotados em sua obra *Pneumatica*. Esta obra clássica trata do fenômeno da sucção da água, onde experimentalmente ele observou que ao se inverter um recipiente vazio sobre uma vela acesa, fixada sobre um prato com um pouco de água, a vela apagava e a água era aspirada para dentro do copo[38]. Analisando o ocorrido com o conhecimento da época, onde toda a matéria era composta pelos quatro elementos (terra, água, ar e fogo), concluiu que as partes do elemento ar no recipiente foram transmutados em elemento fogo, o que permitiu sua saída através das tramas (poros) que compõe a estrutura do vidro. Séculos depois, baseando-se na mesma experiência de Philon, Leonardo da Vinci conclui que com a combustão, uma parte do ar é quem é consumida, fato idêntico ao qual ocorre no processo da respiração.

Este fato foi perseguido por outros cientistas, como os ingleses Robert Boyle, que provou experimentalmente que a combustão somente se verifica com a presença do ar; e John Mayon, que apoiando-se sobre as descobertas de Boyle, propôs o

---

[38] Joseph Jastrow. (1936) The Story of the human error. Booksfor libraries press, Inc. New York.

nitroaereus spiritus, substância que é consumida durante a respiração ou na combustão e, ao desaparecer, seu volume é ocupado, por exemplo, pela água.

Em 1772, Scheele fazendo experiências para estudar o flogisto, consegue produzir um gás que anima o fogo, quando aquecia óxido de Mercúrio e outros compostos de nitrato, experimento anotado em seu tratado intitulado *Treatise on Air and Fire,* publicado somente em 1777[39].

Neste intervalo de tempo, em 1774, um experimento realizado por Priestley também com óxido de Mercúrio, permitiu que ele observasse o mesmo gás, que ele batizou de *dephlogisticated air.* O experimento que ele bolou é genial pois, dentro de uma campânula de vidro com ar, colocou uma vela acesa e um recipiente com o óxido. Utilizando uma lente de aumento, focou no Sol e observou que a vela ficava mais brilhante, à medida que mais gás saia do composto[40,41,42].

Depois de testar com um rato, que se mantinha vivo enquanto a substância era aquecida, testou com ele próprio, e relatou:

"A sensação não era sensivelmente diferente para os meus pulmões do que a do ar comum, mas pareceu-me que senti meu peito particularmente leve e desimpedido por algum tempo depois".

---

39 Emsley, J. (2001) Oxygen. Nature's Building Blocks: An A-Z Guide to the Elements. Oxford, England, UK: Oxford University Press. pp 297–304.
40 Priestley, J. (1791) Farther experiments relating to the decomposition dephlogisticated and inflammable Air. Phil. Trans. Roy.Soc. 81 pp 213
41 Priestley, J. (1775) An Account of Further Discoveries in Air. Philosophical Transactions 65 pp 384–394.
42 Priestley, J. (1785) Experiments and observations relating to air and water. Phil. Trans. Roy.Soc., 75 pp 279-309.

Algum tempo depois, Lavoisier também anunciou que havia descoberto o gás, e Priestley tratou de viajar até a França para demonstrar sua experiência ao cientista, que acatou a prioridade de Priestley, e tempos mais tarde, conduziu experimentos famosos que viriam a demonstrar o Oxigênio como um elemento químico, bem como sua função na respiração e na composição do ar atmosférico, além de batizar o gás como Oxigênio[43].

"Nós demos a base da porção respirável do ar o nome de **Oxigênio**, derivando de duas palavras gregas οξύ - ácido, γεννήτρια - gerador, continuador, porque na verdade uma das propriedades mais gerais desta base é formar ácidos quando combinado com a maioria das substâncias. **Nós então chamaremos gás oxigênio** a reunião desta base com o calor. (...)As propriedades químicas da parte não respirável do ar atmosférico que impeçam a respiração na atmosfera ainda não são muito conhecidas, pudemos apenas deduzir o nome da base deste gás que tem a propriedade de privar a vida de animais que o respira, nós, portanto, nomeamos de **azoto** [nitrogénio], onde α é do grego privado e ζωý, vida, desta forma a parte não respirável do ar é o gás nítrico".

Outro elemento difícil de se situar no tempo é o Carbono, nome que deriva do latim *carbo*, palavra empregada para designar o carvão vegetal. É um elemento de conhecimento antiquíssimo, pois sempre esteve presente, de um modo fácil, em todas as civilizações, inclusive pré-históricas, pois era disponível como produto da queima de madeira na forma de carvão, e como os minerais grafite e diamante.

---

[43] Lavoisier, A. L. (1789), Traité élémentaire de chimie. Présenté dans un ordre nouveau et d'après les découvertes modernes. Paris: Chez Cuchet. Pp. 54-55. Disponível em:
https://gallica.bnf.fr/ark:/12148/btv1b8615746s/f15.image

As antigas civilizações obtinham o carvão vegetal da mesma maneira que nós hoje, ou seja, aquecendo a madeira com ausência de ar. Este material é chamado na França de *charbon*, o que levou Lavoisier a batizar o elemento de *carbone*, para diferencia-lo, embora mostrando que a origem era a mesma.

Acreditava-se, contudo sem embasamento experimental, que grafite, carvão e diamante eram as mesmas substâncias e, para esta constatação experimental, Lavoisier idealizou uma experiência genial. A metodologia empregava uma enorme lente que concentrava a luz do Sol em um recipiente onde ele colocava o material. Para a experiência com o carvão não houve problema, mas para testar sua teoria com o diamante, Lavoisier precisou contar com o espírito de sacrifício científico dos amigos, que cotizaram a compra de uma pedra.

A experiência deu resultado, observando que o peso final do recipiente permanecia igual e, analisando o produto da reação, verificou que nos dois casos a queima dos materiais haviam combinado igualmente com o Oxigênio, formado o dióxido de carbono.

Nos anos seguintes à experiência de Lavoisier, Scheele em 1779 mostrou que a grafite também era uma outra forma de Carbono e, em 1796, Tennant determinou quantitativamente que o diamante era uma forma pura de Carbono, e não um composto.

O Cloro foi descoberto em 1774 por Scheele, enquanto fazia experiências com o mineral pirolusita dissolvido em um ácido sintetizado pelos alquimistas do século XV, e batizado por Lavoisier de ácido muriático.

Desta mistura observou o desprendimento de um gás amarelo esverdeado, que acreditou ser um composto de Oxigênio. Como ele era um seguidor da doutrina do flogisto, acreditava que o ácido continha a substância teórica, e que a pirolusita tinha a propriedade de o extrair de seu interior, desta forma batizou o gás de "ácido muriático deflogisticado".

Lavoisier era um enérgico crítico do flogisto e, quando teve acesso aos dados de Scheele rebateu a conclusão, propondo que o que causa a combustão é o Oxigênio, não flogisto, que não existia. Neste meio tempo, entra em cena o químico Berthollet, que propõe que o gás de Scheele era a combinação do Oxigênio, presente no mineral, com um elemento desconhecido, que ele chamou de *muriaticum*.

Algum tempo depois, a dupla de químicos franceses Gay-Lussac e Thénard fracassam em uma tentativa de decompor o gás de Scheele. No trabalho que publicam, relatam a crença de que o gás fosse um elemento, mas como não conseguiram decompô-lo, preferem não afirmar[44].

Em 1810 Sir Davy publica um trabalho informando a Royal Society de seu sucesso em produzir o gás Cloro[45]:

"O gás oximuriático preparado a partir de Manganês, seja como um cloreto, misturado e posto a agir com ácido sulfúrico, ou misturando-o com ácido muriático, ou quando o óxido de Manganês é puro, e, se recolhidos

---

[44] Gay-Lussac, J.L.; Thénard, L. J. (1809) On the nature and the properties of muriatic acidand of oxygenated muriatic acid. Mémoires de Physique et de Chimie, de la Société d'Arcueil, 2, pp 339-358.
[45] Sir Humphry Davy (1811) On a Combination of OxymuriaticGas and Oxygene Gas. Philosophical Transactions of the RoyalSociety, 101, pp 155–162.

após lavagem com água ou Mercúrio, mantêm-se uniforme em suas propriedades; sua cor é um verde pálido amarelado; a água ocupa cerca de duas vezes o seu volume, e quase ganha de qualquer cor; os metais queimam nele facilmente, combina com Hidrogênio sem deposição de umidade: não age sobre o gás nitroso ou ácido muriático, ou óxido carbônico, ou gases sulfurosos, quando eles são cuidadosamente secos".

E a água de Cloro:

"Quando o gás é coletado sobre o Mercúrio, e é obtido na forma de um ácido fraco, e um grande excesso de sal por um aquecimento baixo, sua cor tem um denso tom de verde amarelado brilhante, e possui propriedades totalmente diferentes a partir do gás recolhido ao longo da água.

As vezes explode durante o tempo de sua transferência de um recipiente para outro, produzindo calor e luz, com uma expansão de volume, e isso pode acontecer com um simples calor, muitas vezes da própria mão".

Sua natureza altamente instável:

"Este gás em sua forma pura é muito fácil de decompor, o que é perigoso se for trabalhar com quantidades consideráveis.

Em uma sequência de experimentos sobre ele, um frasco de vidro forte, com 40 polegadas cúbicas [·655cm³], explodiu em minhas mãos com um forte estampido, produzindo luz, o recipiente foi quebrado, e os fragmentos foram jogados a uma distância considerável".

E muito humildemente propõe o nome:

"À medida que o novo composto em sua forma mais pura é possuidor de uma cor verde amarelada brilhante, pode ser conveniente designá-lo por um nome expressivo desta circunstância, e sua relação com gás oximuriático. Como eu tenho chamado de Cloro o fluído elástico, atrevo-me a propor para essa substância, o nome Eucloro, ou gás Euclórico do grego ευ e χλωρος. Em termos de nomenclatura, entretanto, estou inclinado a me alongar. Adotarei qualquer nome que pode vir a ser considerado como mais adequada pelos capazes filósofos químicos ligados a esta Sociedade".

Logo após sua descoberta e fixando sua

produção pelo processo proposto por Davy, onde o vapor era lavado em água resultando a água de Cloro, o produto foi imediatamente empregado na indústria têxtil, para alvejamento de tecidos e na produção de papel.

Também foi o primeiro elemento a ser usado como arma química, na Primeira Guerra Mundial, mas sua aplicação na civilização moderna vai desde seu uso no processo de purificação de águas para consumo, produção do hipoclorito de Sódio (conhecido no mercado como cândida) como alvejante e desinfetante, assim como o hipoclorito de cálcio, para o mesmo fim.

Outra aplicação do Cloro é na indústria de química orgânica, na produção da substância chamada de cloreto de vinila, matéria prima para a fabricação do PVC (policloreto de vinila), além da produção do solvente tetracloreto de carbono, do Clorofórmio, além da produção direta do ácido clorídrico.

O Manganês foi reconhecido e batizado como elemento por Scheele em 1774, enquanto realizava suas experiências com o Oxigênio e Cloro. No mesmo ano Johan G. Gahn consegue isolar o metal, reagindo por aquecimento o *"magnesia nigra"*, como era chamado o MnO_2, com carvão.

Este elemento é conhecido desde a mais remota antiguidade, onde por meio das modernas técnicas de análise foi identificado seu uso como pigmento de coloração negra em desenhos rupestres, além de sua utilização pelos antigos egípcios e romanos na produção de vidro colorido[46,47]. No século XIX foi empregado para aumentar a dureza do aço, procedimento que, ao que parece, os espartanos já conheciam, pois o utilizavam na forja de suas espadas[48].

As maiores reservas de Manganêsencontram-se na ex-URSS, Brasil, África e Índia. O mineral mais importante é a pirolusita (MnO_2), embora também seja encontrado em outros minerais como a trifilita: $Li(Fe, Mn)PO_4$; rodonita: $Mn_3Si_3O_9$ e rodocrosita: $MnCO_3$ e biotita:$K(Mg, Fe, Mn)_3 [(OH, F)_2 AlSi_3O_{10}$.

O Molibdênio é outro metal cujo emprego de seu óxido perde-se no tempo. Pesquisas mostram que os japoneses do século XIV já faziam suas espadas utilizando o Molibdênio como liga[49].

Em 1778 Carl Scheele trabalhando com o mineral molibdenita, que acreditavam ser grafite e Chumbo dado sua semelhança, publica um trabalho intitulado de *Treatise on Molybdena*, onde descreve suas experiências entre o mineral e o ácido nítrico, no qual obteve uma "*terra branca curiosa*" devido seu

---

[46] Chalmin, Y; et al. (2006). Minerals discovered in paleolithic black pigments by transmission electron microscopy and micro-X-ray absorption near-edge structure. *Applied Physics A* 83 (12) pp 213–218.
[47] Sayre, E. V.; Smith, R. W. (1961). Compositional Categories of Ancient Glass. *Science* 133 pp 1824–1826.
[48] Alessio, L; Campagna, M; Lucchini, R (2007). From lead to manganese through mercury: mythology, science, and lessons for prevention. *American journal of industrial medicine* 50 (11) pp 779–787.
[49] Anastasiia Batsmanova, Mikhail Liabin, Yelizaveta Stepanova and Susan Watt. Molybdenum in the spotlight From samurai swords to healthy tomato plants, this little-known element has wider uses than you might expect. Science in school, 2017, issue 41. Disponível em: https://www.scienceinschool.org/wp-content/uploads/2017/09/issue41_moly.pdf

aspecto. Como tratou o mineral com ácido e, naturalmente, o resíduo ainda estava em excesso, concluiu que a substância tinha características ácidas, o que o levou a chamar de *acidum molybdenae*. Em 1782 um outro sueco, Peter Jacob Hjelm, conseguiu isolar o metal quando aqueceu o resíduo de Scheele com carvão.

O elemento não é encontrado isolado na natureza, e os principais minerais de Molibdênio são a molibdenita (MoS_2) e a ferrimolibdita $(Fe(MoO_4)_3.7H_2O$. Seu nome vem da sua semelhança com o Chumbo, do grego *molybdos* - semelhante ao Chumbo.

A maior aplicação do Molibdênio é em siderúrgicas, na produção de ligas metálicas de aço cujo propósito é aumentar sua dureza e resistência ao processo de corrosão. Seu uso em grande escala aconteceu durante a Primeira Guerra Mundial, pois havia a necessidade crescente na indústria bélica de materiais mais resistentes. Nos dias de hoje, estas ligas são empregadas na indústria aeronáutica, automobilística e bélica.

Também é aplicado na indústria petroquímica como catalisador, e o isótopo radioativo ^{99}Mo é utilizado na medicina nuclear, como gerador do isótopo ^{99m}Tc, um rádio-fármaco gama emissor, especialmente utilizado para exames de diagnóstico por cintilografia.

Além disto é utilizado como pigmento laranja na fabricação de tintas, objetos plásticos e de borracha.

As pesquisas dos aspectos biológicos do Molibdênio em seres vivos são ainda muito recentes.

Em 2008, foi publicado na revista científica *Nature*[50], um artigo onde os cientistas propuseram uma teoria de que uma deficiência de Oxigênio e Molibdênio no oceano antigo da Terra, pode ter retardado a evolução da vida animal no planeta em cerca de dois bilhões de anos.

Sabe-se que o Molibdênio influência na síntese de proteínas, no metabolismo e no crescimento, catalisando as reações com o Oxigênio, regulando o Nitrogênio e o Enxofre, bem como atuando no ciclo do Carbono.

O Telúrio, extraído pela primeira vez pelo químico austríaco Barão F. J. Muller von Reichenstein em 1782, foi reanalisado pelo químico alemão Martin Heinrich Klaproth, adepto de Lavoisier, em 1798, que o batizou como *Tellus,* o nome latino da deusa Terra.

No estado livre, o Telúrio é raramente encontrado, e é mais frequente associado ao Enxofre. Sua ocorrência mais comum é sob a forma do composto binário telureto, cujas maiores fontes estão nos EUA, Canadá, México, América do Sul, Zâmbia, Suécia, Europa central e Rússia. Seus minerais mais importantes são: tetradimita ($BiTe_2S$); hesita (Ag_2Te); calaverita ($AuTe_2$); altaíta ($PbTe$) e silvanita ($AgAuTe_2$).

O Barão von Reichenstein trabalhava como inspetor-chefe nas minas da Transilvânia, enquanto província do império Austro-Húngaro, e era responsável pela análise das amostras dos minérios

---

[50] Scott C, et al. (2008) Tracing the stepwise oxygenation of theProterozoic ocean. *Nature*, 452 (7186) pp 456-459.

extraídos.

Analisando um minério de Ouro da cidade de Zlatna, conhecido como *Faczebajerweißes blättriges Golderz* (minério de Ouro em pó branco de Faczebaja) ou *antimonalischer Goldkies* (pirita de Ouro e Antimônio), no qual de acordo com outros mineralogistas da época tratava-se de Prata molíbdica contendo Antimônio nativo[51], von Reichenstein concluiu que o minério não continha Antimônio, mas sim sulfeto de Bismuto[52].

No ano seguinte, refazendo seus procedimentos, ele verificou que estava errado, e que o minério continha Ouro e um metal desconhecido, muito semelhante ao Antimônio.

Após uma pesquisa longa e minuciosa, von Reichenstein determinou a densidade do metal e notou um cheiro característico, semelhante ao vegetal nabo, que exalava ao ser aquecido, além de adquirir uma coloração vermelha quando o fazia reagir com ácido sulfúrico, resultando um precipitado negro em solução aquosa.

Entretanto, mesmo com toda sua aplicação e êxito na determinação do novo elemento, von Reichenstein não pôde identificar o metal, batizando-o de *paradoxium aurum* e *problematicum metallum*[53], pois não apresentava as propriedades

---

[51] von Rupprecht, A. (1783). Über den vermeintlichen siebenbürgischen natürlichen Spiessglaskönig. *Physikalische Arbeiten der einträchtigen Freunde in Wien* 1 (1) pp 70–74.

[52] von Reichenstein, F.J.M. (1783) Über den vermeintlichen natürlichen Spiessglaskönig. *Physikalische Arbeiten der einträchtigen Freunde in Wien* 1, 1 pp 57-59.

[53] von Reichenstein, F.J.M. (1783). Versuche mit dem in der Grube Mariahilf in dem Gebirge Fazeby bey Zalathna vorkommenden vermeinten gediegenen Spiesglanzkönig. *Physikalische Arbeiten der einträchtigen Freunde in Wien* 1783 (1. Quartal) pp 63–69.

esperadas para o Antimônio. Em 1798 von Reichenstein envia uma amostra do mineral ao químico alemão Klaproth, que consegue isolar o novo elemento e, após uma análise das propriedades do material, ele concluiu que se tratava de um novo metal. Batizou-o de Telúrio e deu o crédito da descoberta para von Reichenstein[54,55].

Na indústria é utilizado em grande parte em ligas metálicas, por exemplo com o Chumbo, aço e Cobre. Também é empregado em cerâmicas supercondutoras. Na indústria da borracha é usado para melhorar sua durabilidade, e na indústria de vidro como pigmento azul.

Na forma coloidal, tem emprego como fungicida, inseticida e germicida. Em composto com Bismuto (telureto de Bismuto) é empregado como dispositivo termoelétrico e, com o Cádmio (telureto de Cádmio), em painéis solares.

É um elemento considerado tóxico, e a aspiração de ar contaminado com este metal pode causar efeitos de intoxicação, cujos sintomas são a secura na boca, dores de cabeça, vertigens e sonolência.

O Tungstênio, também chamado de Wolfrâmio, foi reconhecido no mineral wolframita pela primeira vez pelo químico inglês Peter Woulfe em 1779 e, em 1783 os espanhóis José e Fausto d'Elhuyar isolaram

---

[54] Weeks, Mary Elvira (1935). The discovery of tellurium. *Journal of Chemical Education* 12 pp 403–408.

[55] Klaproth, M. (1798) Ueber die siebenbürgischen Golderze,und das in selbigen enthaltene neue Metall. Chemische Annalen für die Freunde der Naturlehre, Arzneygelahrtheit,Haushaltungskunst und Manufacturen., 1, pp 91-104.

sua forma metálica[56]. É encontrado sob a forma de tungstatos, em alguns minerais como a wolframita $((Fe,Mn)WO_4)$; escheelita $(CaWO_4)$ e estolzita $(PbWO_4)$.

As maiores jazidas de Tungstênio ocorrem na Ásia Oriental e Meridional, nos EUA, Congo e Austrália. No Brasil existem consideráveis reservas de escheelita na Paraíba e no Rio Grande do Norte.

Georgius Agricola foi o primeiro a relatar sobre esse novo mineral em seu livro *De Natura Fossilium.*

"Encontram-se também uma pedra negra com uma cor semelhante a cor branca do Chumbo. Mas é tão leve que se poderia acreditar que ela está vazia (imaterial) e não contém qualquer metal. A isso chamamos "Spuma Lupi".

Esta substância que ele batizou de *Spuma Lupi,* em Latin, corresponde a *Wolfsschaum,* em alemão, ou Wolf Spittle (saliva de lobo) em inglês.

Em 1551 o professor e sacerdote alemão Johann Mathesius foi o primeiro a se referir sobre o metal como *Wolfrumb, Wolffsschaum* bem como *Wolffshar* em suas *Sarepta oder Bergpostill,* uma coleção de sermões especialmente criados para os ouvidos de seus fiéis na cidade mineira do norte da Bohemia. Os sermões continham inúmeras referências bíblicas sobre a geração de minerais e de mineração, desvendando sua beleza e utilidade aos homens como providência divina, fazendo despertar nos rústicos mineiros a faceta linda e magnífica de seu labor[57].

---

[56] D'Elhuyar, J.J.; D'Elhuyar, F. (1784) *Mémoires tirés desRegistres de l'Académie Toulouse.* 2, pp 141.

[57] Geological Society, London, Special Publications (2009) doi: 10.1144/SP310.5, Vol. 310 pp 37-40.

Já o nome Tungstênio pode ter sido derivado de um outro mineral do elemento, o escheelita. Em 1750 este pesado mineral foi descoberto na mina de Ferro de Bispberg, na Suécia. A primeira pessoa a mencionar o mineral foi Axel Frederik Cronstedt no ano de 1757, que o chamou *Tungstênio dos Suecos* (ref. 30), palavra composta por outras duas palavras suecas: *tung* (pesado) e *sten* (pedra), quando determinou sua densidade específica em 17,6g/cm^3.

As aplicações do Tungstênio, ou Wolfrâmio, são muito amplas, e a *International Tungsten Industry Association* traz em seu boletim de Dezembro de 2005 uma gravura intitulada: *40 Years Growth of the Tungsten Tree (1904 – 1944),* de autoria de K.C. Li, presidente da *Wah Chang Corporation,* nos Estados Unidos, na qual ilustra o rápido desenvolvimento e as várias aplicações do elemento na química e metalurgia, desde sua extração de uma mina[58].

Em 1949 a Comissão de Nomenclatura de Química Inorgânica da União Internacional de Química Pura e Aplicada (IUPAC) sugeriu o nome Wolfrâmio para o elemento, contudo como era de se esperar, a proposta sofreu muitas críticas, pois os dois partidos, alemão e sueco, queriam a primazia do nome, assim, para acalmar os nervos e padronizar a nomenclatura do elemento químico, a IUPAC adotou o nome tungstênio e a letra W para sua representação simbólica.

O nome Wolfrânio está relacionado com o mais importante mineral de Tungsténio, a wolframita,

---

[58] International Tungsten Industry Association. Jornal eletrônico disponível em: http://www.itia.info/FileLib/Newsletter_2005_06.pdf Acessado em 02/2011

conhecido desde o século 16 pelos mineiros de Estanho na Saxônia-Bohemia, Alemanha. Eles relatavam a existência de um metal estranho no minério, e cuja presença nos fornos reduzia a produção do Estanho, aparecendo ainda uma espuma sobrenadante que chamavam de "saliva de lobo", e diziam que este lobo é quem comia o Estanho.

A aplicação industrial do elemento foi na primeira metade do século XIX, na metalurgia de super ligas de aço para aplicações em estradas de Ferro e na produção de armamentos mais resistentes.

Em 1903 foi utilizado puro como filamento das chamadas lâmpadas incandescentes, graças as características físico-químicas que possui, como seu altíssimo ponto de fusão (3422°C) e condutividade elétrica ($18,9 \times 10^6$ S/m). Durante a Segunda Guerra Mundial, os alemães foram os pioneiros no emprego dos compostos de carbeto de tungstênio (W_2C e WC), empregados na produção de mísseis de longo alcance.

Além disso, é utilizado como revestimento de brocas de alta resistência para a indústria mineradora e petrolífera, na produção de ferramentas especiais, de pigmentos e lubrificantes para motores de alta eficiência. Também é empregado na indústria nuclear, na indústria de cerâmicas especiais, em radiologia, etc.

Em 1789, Klaproth descobre o Urânio no mineral pechblenda ($Ca(UO_2)_2(PO_4)_2.8\text{-}12H_2O$), fazendo-o reagir com ácido nítrico e neutralizando a mistura com hidróxido de sódio, precipitando o

Urânio como diuranato de sódio, conhecido como óxido amarelo de Urânio ou *yellowcake*. Consegue chegar em seu óxido negro, aquecendo a substância amarela com carvão, contudo não consegue isolar o metal, cabendo este trabalho ao químico francês Eugène-Melchior Péligot, em 1841[59].

Devido ao seu grande conhecimento de química analítica e mineralogia, Klaproth desenvolve um grande trabalho para sistematizar os processos de laboratório em análises quantitativas e, por isso, é considerado o pai da química analítica. Ao batizar o novo elemento, ele havia pensado em *klaprothium*, mas acabou desistindo e batizando-o com o nome do último planeta descoberto em 1781 pelo astrônomo inglês Sir William Herschel, sem sequer imaginar que o Urânio também seria o último elemento químico natural, pois Mendeleev ainda não havia proposto a classificação periódica dos elementos, e a tecnologia de produção de isótopos artificiais ainda estava muito distante.

No fim do século XIX e início do XX, havia um grande interesse na pesquisa de sais de Urânio para fins médicos, graças as recentes descobertas da Radioatividade por Henry Becquerel e o Casal Curie.

Nos Estados Unidos a Empresa Boericke & Tafel, de medicamentos homeopáticos, produzia um comprimido que continha um composto de Urânio como princípio ativo, e era vendido como panaceia para todos os males modernos.

No Brasil, o médico homeopata Antônio

---

[59] Klaproth, M. H. (1789). Chemische Untersuchung des Uranits, einer neuentdeckten metallischen Substanz. *Chemische Annalen* 2 pp 387–403.

Murtinho de Souza Nobre, obtém o seu título de doutorado com a tese: "Da efficacia do nitrato de Urânio no tratamento do Diabete Mellítus", em 28 de março de 1905, tratamento este que é receitado ainda nos dias de hoje por médicos homeopatas do mundo inteiro.

Hoje em dia, as aplicações do Urânio são muito vastas e todas no ramo energético. Dentre seus isótopos, o ^{235}U é o mais utilizado em reatores nucleares para produção de energia elétrica doméstica, como fonte de energia para o sistema de propulsão de submarinos e navios de guerra e, as sondas espaciais Voyager e Pioneer foram dotadas de pequenos reatores nucleares.

Também é utilizado na indústria bélica, substituindo o Chumbo em projéteis de armas de fogo pois, em termos estratégicos, é mais eficiente que o Chumbo, contudo há a problemática da exposição dos soldados à níveis de radiação não aconselháveis.

Além do Urânio, Klaproth descobre, ou está envolvido na descoberta, do Zircônio (1789), Estrôncio (1793), Titânio (1795) e do Cério (1803).

O Zircônio constitui cerca de 0,022% da crosta terrestre, sendo encontrado principalmente sob a forma de zirconita, também conhecido como zircão ($ZrSiO_4$) e dióxido de zircônio (ZrO_2).

Era conhecido na Europa desde a idade média onde, devido à sua coloração característica, o Zircão era denominado pela palavra árabe *zarqun* (vermelho), ou persa *zargun* (dourado). Da curruptela *jargoon* apareceu o "jacinto", que se referia a pedra de zircão amarelo.

Klaproth identificou o Zircônio a partir do zircão[60,61] e, em 1824, Berzelius conseguiu isola-lo na forma impura. Somente em 1914 foi obtido no estado puro.

A principal aplicação do Zircônio é como revestimento em reatores nucleares, graças às suas propriedades de baixo coeficiente de absorção de nêutrons e alta resistência à corrosão, mas também é utilizado na indústria química, em ligas metálicas com o Níquel e na metalurgia de Alumínio. Na indústria bélica é empregado como material incendiário, pois em contato com o ar acontece sua auto combustão. Também é empregado na fabricação de materiais de laboratório e nos fornos das indústrias de cerâmica e vidro. Na indústria da saúde é empregado como matéria prima na confecção de articulações artificiais. Na forma de liga Zircônio-Nióbio apresenta a propriedade de supercondutor,e com o Zinco possui característica magnética.

O Estrôncio é encontrado na natureza principalmente sob a forma de carbonatos e sulfatos nos minérios estroncianita ($SrCO_3$) e celestina ($SrSO_4$). É um elemento que apresenta vários nomes de cientistas em sua identificação, começando pelo químico e físico irlandês Adair Crawfort em 1790. Pioneiro no estudo e desenvolvimento da

---

60 Klaproth, M. (1789) Kleine mineralogische beiträge. Chemische Annalen für die Freunde der Naturlehre, Arzneygelahrtheit, Haushaltungskunst und Manufacturen.1. pp 7-12.
61 Klaproth, M. Kurze Anzeige eines neuentdeckten Halbmetalls. Beobachtungen und Entdeckungen aus der Naturkunde von der Gesellschaft naturforschender Freunde zu Berlin. 3. pp 373-375

Calorimetria – método físico-químico empregado para medir a capacidade calorífica específica de substâncias e o calor das reações químicas - reconheceu que o mineral estroncianita, obtida na cidade escocesa Strontian, exibia diferentes propriedades daquelas esperadas para o Bário, elemento que estava envolvido em pesquisas para aplicações médicas. Ao estuda-lo, observou que o material detectado por ele poderia ser o indício de um novo elemento[62].

"É provável, de fato, que o mineral escocês possui uma nova espécie de terra que não tenha até agora sido suficientemente examinada".

Em 1793, o químico escocês Thomas Charles Hope publicou suas observações quanto ao mineral de seu colega, relatando que depois de várias experiências com a estroncianita, chegou à conclusão que ele continha uma "terra desconhecida", que batizou de estrontita, em homenagem a cidade que se localizava a mina[63].

"Considerando que é uma terra peculiar, julguei necessário dar-lhe um nome. Eu a chamei de Estrontita, a partir do local onde foi encontrado, um modo de derivação na minha opinião, totalmente adequada como de qualidade que ele pode possuir, conforme a moda atual".

No mesmo ano, e de forma independente, Klaproth também publica um trabalho com uma série de demonstrações químicas utilizando os

---

[62] Adair Crawford (1790). On the medicinal properties of the muriated barytes. Medical Communications (London), vol. 2, pp 301-359.
[63] Hope, T. C. (1798). Account of a mineral from Strontian and of a particular species of earth which it contains. Transactions of the Royal Society of Edinburg, vol. 4, no. 2, pp 3-39.

minérios estroncianita e witherita[64].

Em 1794 publica outro trabalho, relatando seu sucesso em preparar o óxido e hidróxido de estroncita[65].

Em 1808, Sir Humphry Davy isola o elemento puro, através da eletrólise de uma mistura de cloreto de estrôncio ($SrCl2$) e óxido de mercúrio (HgO), anunciando sua descoberta em uma conferência na Royal Society em 30 de junho do mesmo ano, onde sugere o nome Estrôncio[66].

"Nesta circunstância, sou levado a acreditar que estes três compostos consistem apenas de uma peculiar base metálica, na qual eu as nomeio de Bário, Estrôncio, Cálcio e gás oximuriático; e os experimentos que estou realizando, confirmam esta conclusão".

É empregado na indústria eletrônica na fabricação dos tubos catódicos de televisão a cores, para prevenir a exposição à radiação-X. Na mineração é empregado para o refino do Zinco. Também é largamente utilizado na indústria óptica, graças ao seu alto índice de refração e dispersão. Na indústria de pirotecnia é aplicado na produção de fogos de artifício de coloração vermelha. Também é matéria-prima na indústria dentifrícia, na indústria cerâmica como aditivo de esmaltes e, na medicina

---

[64] Klaproth, M. C. (1793) Versuche über die Strontianerde.Chemische Annalen für die Freunde der Naturlehre, Arzneygelahrtheit, Haushaltungskunst und Manufacturen no.2 pp189-202.
[65] Klaproth, M. C. (1794) Nachtrag zu den Versuchen über die Strontianerde. Crell's Annalen no. 1, page 99-102.
[66] Davy, H. (1808). Electro-chemical researches on the decomposition of the earths; with observations on the metals obtained from the alkaline earths, and on the amalgam procured from ammonia. Philosophical Transactions of the Royal Society of London. vol. 98, pp 333-370.

para o tratamento de osteoporose[67].

O Titânio encontra-se principalmente em minerais sob a forma dos minérios anatásio - ou rutilo - (TiO_2); titanita ($CaTi(OSiO_4)$) e ilmenita ($FeTiO_3$).

Foi primeiro descoberto pelo religioso e mineralogista amador inglês William Justin Gregor, em 1791, quando analisava a ilmenita, uma areia negra extraída na cidade de Menaccan, na Cornuália, região onde morava, motivo pelo qual batizou o mineral desconhecido como menaccanita.

Analisando a substância, que apresentava propriedades magnéticas, verificou que a composição do minério era do elemento Ferro e de uma outra substância, presente em maior porcentagem. Depois de vários tratamentos químicos chegou ao seu óxido, que apresentava uma coloração vermelha, e cujas características químicas eram desconhecidas. Devido seu laboratório ser modesto, ele não conseguiu estuda-lo mais profundamente, todavia, publicou suas observações preliminares[68].

A descoberta parece não haver despertado o interesse geral, até que em 1795 Klaproth fazendo pesquisas com o minério rutilo, identificou o metal que apresentava as mesmas características de Gregor, pois em seu trabalho ele cita a semelhança

---

[67] Meunier P. J., Roux C., Seeman E. et al. (2004). Effects of strontium ranelate on the risk of vertebral fracture in women with postmenopausal osteoporosis. New England Journal of Medicine 350 (5) pp 459–468. doi:10.1056/NEJMoa022436
[68] Gregor, W. (1791) Beobachtungen Versuche und über den Menakanite, einen em Cornwall Areia magnetischen gefundenen. Lorenz Crell Chemische Annalen. 1 pp 40-54.

do óxido obtido da menaccanita com o rutilo, e sugere o nome de Titânio[69].

Em 1825 Berzelius consegue isolar o metal, contudo ainda apresentava impurezas, e somente na primeira metade do século XX é que foi possível obter o elemento puro, graças à Mattew A. Hunter que utilizou um reator de aço à uma temperatura de 800°C.

Graças às suas características mecânicas, é utilizado na indústria química para revestimento contra corrosão. Na indústria bélica é empregado na estrutura de mísseis e em balística e, na indústria siderúrgica como componente de ligas para melhorar suas características físicas.

Em 1792 o químico, físico e mineralogista finlândes Johan Gadolin[70], investigando os componentes do mineral negro e muito pesado que havia recebido de Arrhenius com o nome de "iterbita", oriundo da cidade sueca Ytterby, localizada nas proximidades da capital Estocolmo, conseguiu isolar o óxido de um metal desconhecido que designou de itérbia (Y_2O_3), com isso foi o primeiro a identificar um elemento de terras-raras,

---

[69] Klaproth, M. (1795) Beitrage zur chemischen Kenntniss der Mineralkorper. Vol. 1, Posen and Berlin pp 233, 245.
[70] Dean, P. B.; Dean, K.I. (1996) Sir Johan Gadolin of Turku: The grandfather of gadolinium. Academic Radiology. Vol. 3 – Sup. 2 pp S165-S169.

publicando suas descobertas no ano de 1794[71].

Três anos depois, o químico sueco Anders Gustaf Ekeberg reproduz a análise de Gadolin, partindo de uma quantidade maior de amostra, e a ratifica, propondo o nome "Ítria" para o óxido da substância.

Em 1798 Gadolin publicou um livro intitulado *"Inledning till Chemien"*, ou "Introdução à Química", onde ignora o conceito do flogisto e a teoria proposta por Georg Ernst Stahl no princípio do século XIII. Até então Gadolin acreditava nesta teoria, contudo escreve sua obra segundo as novas ideias da época, descrevendo o Oxigênio como o responsável pela combustão, com certeza influenciado pela obra de Lavoisier, guilhotinado quatro anos antes[72].

O Ítrio é empregado como dopante, junto com outra terra-rara, o Európio, para dar a tonalidade vermelha do cinescópio da televisão. Também é utilizado na indústria joalheira para produção de Gemas preciosas, onde a liga Y-Al substitui o diamante. Na indústria química é empregado como catalizador na produção do etileno[73]. Na indústria óptica, junto com fluoreto de Lítio e Neodímio, é empregado em lasers infravermelhos. Em biologia e saúde é considerado cancerígeno, não sendo identificado nenhuma ação no sistema humano.

Outro mineral conhecido desde a antiguidade é

---

[71] Gadolin, J. (1794) Undersökning af en svart tung Stenart ifrån Ytterby Stenbrott i Roslagen. Kongliga Svenska Vetenskaps Academiens Handlingar (Stockholm), 15 pp137-155.

[72] Enghag, P. (2004) Encyclopedia of the elements: technicaldata, history, processing, applications. John Wiley and Sons.

[73] Importante composto da química orgânica, utilizado paraprodução de anestésicos, borracha, plásticos, inseticidas, etc.

o Cromo, utilizado largamente na civilização chinesa de 2000 a.C., como revestimento para as armas confeccionadas em bronze.

A história moderna do Cromo começa no ano de 1761, quando o químico e mineralogista alemão Johann Gottlieb Lehmann, analisando o mineral crocoita, proveniente dos montes Urais, na Rússia, obteve um mineral de cor laranja avermelhado, chamando-o de Chumbo vermelho siberiano.

Mais tarde, em 1770, atendendo um convite da Imperatriz Catarina II da Rússia, um outro cientista alemão, Peter Simon Pallas, organizou uma nova expedição aos Montes Urais e coletou novas amostras de crocoita, verificando que seus compostos poderiam ser usados como pigmento amarelo para tintas, uso que foi difundido rapidamente.

Vinte anos depois, Louis Nicolas Vauquelin, um farmacêutico e químico francês cuja produção científica conta com 370 títulos publicados em 40 anos de atividades, trabalhando no mineral crocoita que havia recebido, consegue produzir a forma de um óxido desconhecido (CrO_3), quando põe a reagir o mineral com ácido clorídrico. Em 1798, publica suas descobertas e batiza o elemento como Cromo (palavra derivada do grego "*chroma*" - cor), pois todos os compostos que o metal está presente possui esta característica[74]. Com sua experiência e conhecimento em química analítica, identifica traços do elemento Cromo também em pedras preciosas

---

[74] Vauquelin, L. N. (1798). Memoir on a New Metallic Acid which exists in the Red Lead of Siberia. *Journal of Natural Philosophy, Chemistry, and the Art*. 3 pp 145-146.

como o rubi e a esmeralda.

O Cromo é um metal relativamente raro na crosta terrestre (aprox. 0,03%). Não é encontrado no estado livre, ocorrendo geralmente associado ao Ferro e ao Chumbo. Também substitui frequentemente o Alumínio em alguns minerais como o berilo $(Be_3Al_2Si_6O_{18})$ e o coríndon (Al_2O_3), geralmente em mínimas quantidades. Além da crocoita, também é encontrado no mineral Cromita $(FeO.Cr_2O_3)$.

Sua principal aplicação é em metalurgia, como componente de ligas em aço e superligas devido suas característicasmecânicas. Também é empregado em eletroquímica, no processo de cromação e anodização de Alumínio. Na indústria de pigmentos, os cromatos e óxidos são utilizados largamente devido as suas tonalidades. Na síntese do amoníaco (NH_3) é empregado como catalizador.

Em saúde suas aplicações e cuidados referem-se ao seu estado de oxidação, por exemplo o Cr^{3+} é um importante composto do metabolismo humano, e sua carência provoca uma doença chamada "deficiência de Cromo"[75]. Já o Cr^{6+} é altamente tóxico, e em contato com a pele causa alergias.

Vauquelin descobre também o elemento Berílio, em 1798, quando estudava a composição do berilo e da esmeralda, duas pedras muito semelhantes e que despertava o interesse dos mineralogistas e químicos do mundo. Nesta época o mineralogista francês René-Just Haüy, pioneiro no

---

[75] Mertz, Walter (1993). Chromium in Human Nutrition: A Review. *Journal of Nutrition* 123 (4) pp. 626–636. PMID 8463863.

estudo do arranjo cristalino dos minerais e da piroeletricidade[76], cedeu amostras dos minerais para que Vauquelin conduzisse seus trabalhos[77].

Suas análises químicas demonstraram que a diferença entre os minerais era de que a esmeralda possuía pequena quantidade de Cromo, que já havia descoberto, e de outra substância desconhecida, a qual também obteve apenas o óxido deste novo metal. De posse desta descoberta, apresenta suas conclusões da identificação desta nova substância em uma comunicação à Academia Francesa, em 15 de fevereiro de 1798 (26 pluvióse an VI, segundo o calendário revolucionário francês).

Na publicação de seu artigo na revista Annales de Chimie et de Physique[78], acata a sugestão dos colegas e batiza o novo elemento de Glucina, devido a característica de seus sais apresentarem sabor adocicado ao paladar.

"Eu não acho que devo dar um nome a esta terra, vou esperar até que suas propriedades sejam mais conhecidas por mim: eu também estou contente por ter recebido este conselho dos meus colegas (1).

(1)   A propriedade mais característica desta terra confirmada pelas cuidadosas experiências anteriores de nossos colegas, ou seja, de formar sais de característica doce, nos propomos chama-lo de glucina, do grego γλυκυς, doce".

---

[76] É a capacidade que os certos materiais possuem de gerar um potencial elétrico quando estimulados por aquecimento ou resfriamento.

[77] Vauquelin, N, L. (1798) Analyse de l´Émeraude du Pérou, par le citoeyen Vauquelinaigue marine ou béril, et decouvert d´une terre nouvelle dans cette Pierre". Annales de Chimie et de physique. 3 pp 259-265.

[78] Vauquelin, N, L. (1798) Analyse de l´aigue marine ou béril, et decouvert d´une terre nouvelle dans cette Pierre". Annales de Chimie et de physique. 26 pluvióse an VI, pp 155-177.

Este também é um trabalho interessante de se ler na íntegra, pois ele descreve detalhadamente o procedimento utilizado para obter a substância a partir do mineral, e a análise de suas propriedades.

O elemento foi estudado em 1808 por Sir Davy, que fez ensaios de decomposição por eletrólise da alumina, sílex, zircônia, e glucina, mas não conseguiu obter o metal, segundo descrito em seu trabalho apresentado na Royal Society, contudo, sugeriu os seguintes nomes para os metais que sabia existirem: *silicium, alumium, zirconium e, glucium*[79].

O nome *Glucium* não agradou, ainda mais porque os sais de Ítrio também eram doces, então, mais uma vez Klaproth apareceu e o chamou de berilia, com base na palavra grega Βηρυλλος, fazendo referência ao mineral berilo.

O metal puro foi obtido em 1828, simultaneamente e em separado por Friedrich Wöhler[80] e pelo farmacêutico e químico francês Antoine-Alexandre-Brutus Bussy, que além de química inorgânica, trabalhou com compostos da química orgânica, nominando, em 1833, o composto acetona[81].

Em 1801, o químico inglês Charles Hachett, enquanto trabalhava com algumas amostras do

---

[79] Davy, H. (1808) Electro-Chemical Researches, on the Decomposition of the Earths; with Observations on the metals obtained from the alkaline Earths, and on the Amalgam procured from Ammonia. Philosophical Transactions of the Royal Society of London. 98 pp 333-370.
[80] Wöhler, F. (1828) Sur le Glucinium et l'Yttrium. Annales de chimie et de physique (2) 39 p 77-84.
[81] Bussy, A.A.B. (1828) Preparation du glucinium. J.Chim. Médicale. Vol. 4 pp 453-458.

mineral columbita oriundas dos Estados Unidos, e que pertenciam ao acervo do Museu Britânico, verificou que sua composição era complexa e que havia um metal cujas propriedades eram desconhecidas e, no mesmo ano, publicou um trabalho sobre sua descoberta na Royal Society[82].

"Os procedimentos experimentais mostraram, que o minério analisado, consiste de Ferro combinado com uma substância desconhecida, e que constitui mais que três-quartos do total. Esta substância provou ser de natureza metálica, pela cor do precipitado que forma com o prussiato de potassa, e com tintura de galls; (...)"

De uma forma muito humilde e até profética, sugere que o novo elemento seja batizado como Colúmbio:

"Estou muito inclinado a acreditar, que um tempo talvez não muito distante, quando alguns dos metais recém descobertos, e outras substâncias, na qual são agora consideradas como simples, primitivas, e corpos distintos, descobriremos serem compostos. No entanto, eu apenas emito esta opinião como uma probabilidade; para até um estado avançado dos conhecimentos da química permitirem-nos compor, ou pelo menos decompor, estes corpos, para cada um ser classificado e denominado como uma substância *sui generis*. Considerando, todavia, que o metal examinado é muito diferente daqueles outros descobertos, afigura-se propor que seja distinguido por um nome peculiar; e, tendo me consultado com vários químicos de emitente gênio deste país, eu estou induzido a dar-lhe o nome de Columbium".

No mesmo ano, Ekeberg, descrito anteriormente no elemento Ítrio, analisando minerais de tantalita, oriundo de sua região,

[82] Hatchett, C. (1801) An Analysis of a mineral Substance from North America, containing a Metal hitherto unknown. Phil. Trans. Roy. Soc.v.92 pp 49-66

descobre um novo elemento, que ele chama de Tântalo[83].

Em 1809, ao estudar os dois minerais, columbita e tantalita, Wollaston chega no mesmo óxido que Hachett, desmentindo a descoberta de Ekeberg, e publica um trabalho anunciando que o Tântalo era igual ao Colúmbio[84].

Para aumentar a confusão, em 1845 o mineralogista e químico analítico alemão Heinrich Rose estudando a tantalita, e ao que parece desconhecendo o trabalho publicado por Hachett, redescobre o metal e o batiza de Nióbio, em homenagem à deusa grega Níobe, filha de Tântalo e Dione[85].

A confusão que se fez entre os nomes Tântalo, Colúmbio e Nióbio, é devido ao fato de que as características do Nióbio são muito parecidas com as do elemento Tântalo, devido ao fato de ambos pertencerem a mesma família química, o que deve ter confundido Wollaston.

Somente em 1864 o químico sueco Christian Wilhelm Blomstrand obteve o metal puro reduzindo o cloreto de Nióbio por aquecimento, sob atmosfera de Hidrogênio. A IUPAC adotou oficialmente o nome Nióbio para o elemento em 1950, contudo o nome Colúmbio ainda é usado, principalmente nos

---

[83] Ekeberg, A.G. (1803) An Analysis of a mineral substance from North America, containing a metal hitherto unknown. *Ann.Physik*, 14, pp 243-246.
[84] Wollaston, W. H. (1809). On the Identity of Columbium and Tantalum. *Philosophical Transactions of the Royal Society of London* 99 pp 246–252.
[85] Rose, H. (1845). On two new metals, pelopium and niobium, discovered in the bavarian tantalites. *Philosophical Magazine Series 3* 26 (171) pp 179–181.

Estados Unidos, mantendo a confusão.

Além da columbita $(Fe,Mn)(Nb,Ta)_2O_6$, o elemento é encontrado na euxenita $((Y,Ca,Ce,U,Th)(Nb,Ta,Ti)_2O_6)$, samarksita (mistura de niobatos e tantalatos de terras raras com presença de Urânio) e pirocloro $((Na,Ca)_2Nb_2O_6OHF)$. A maior fonte de Nióbio do mundo está no Brasil, em Araxá (MG), que possui grandes reservas de pirocloro.

O metal é usado em liga com o Ferro e outros elementos na fabricação de turbinas de aviões, propulsores de foguetes e materiais resistentes ao calor. Também é empregado em joalheria, e em temperaturas criogênicas o Nióbio apresenta comportamento supercondutor.

Por possuir baixa secção de choque de absorção para nêutrons térmicos, é aplicado na indústria nuclear em projetos para conter os elementos combustíveis e revestimento.

O pó do elemento metálico pode causar irritação nos olhos e na pele, e não se conhece qualquer atividade do Nióbio no metabolismo humano.

Anualmente o Instituto dos Materiais, com sede em Londres, concede desde o ano de 1979 a premiação "Charles Hatchett Award", para o pesquisador que se destaca com publicações abordando a ciência e tecnologia do Nióbio e suas ligas.

Assim, podemos concluir que o elemento Tântalo (ou Tantálio) foi realmente descoberto pelo químico sueco Ekeberg em 1802, mesmo tendo conseguido apenas chegar em seu óxido, como outros cientistas.

Todos acreditavam que o Nióbio e o Tântalo eram os mesmos elementos, até que em 1866 o químico suiço Jean Charles Galissard de Marignac mostrou que os ácidos nióbico e tantálico eram compostos diferentes[86].

"Hatchett descobriu em 1801 e designou com o nome de *columbium*, um novo metal em um mineral da América conhecido pelos nomes columbita ou tantalita. Eckberg, em 1802, relatou com o nome de Tântalo um metal que ele encontrou em dois minerais provenientes da Suécia, a tantalita de Kimito e a yttrotantalita de Ytterbia, considerada por ele como novo. Wollaston em 1809, pensou que poderia provar que estes dois nomes tinham sido dados ao mesmo corpo. Mas as propriedades destes corpos e suas principais combinações mostraram que realmente não eram conhecidos, como um resultado do trabalho publicado sobre este assunto por Berzelius em 1824. As pesquisas deste cientista foram realizadas em um óxido extraído da tantalita da Suécia e da Finlândia, e o nome do óxido tantálico foi adotado desde então".

O nome dado ao elemento faz referência ao deus grego Tântalo que, punido pelos deuses, passava fome e sede, mesmo tendo uma árvore frutífera ao alcance de sua mão e água até o pescoço. O fato cruel é que toda vez que ele levantava o braço para alcançar uma fruta, os galhos se moviam, e quando baixava a cabeça para beber água, o lago secava. O mesmo acontecia com o novo elemento que, mesmo mergulhado em reagentes, não reagia.

Somente em 1902 o químico alemão Werner von Bolton desenvolveu uma técnica para obter o metal puro e, graças as suas características mecânicas, foi utilizado para a produção de filamento de lâmpada incandescente, até que o Tungstênio o substituísse.

Encontra-se principalmente nos minerais

---

[86] Marignac, M. C. (1866). Recherches sur les combinaisons du niobium. *Annales de chimie et de physique Série* 4 (8) pp 7–75.

fergusonita (YTaO$_4$); ítriotantalita (Y$_4$Ta$_2$O$_7$); microlita (Ca(TaO$_3$)$_2$.NaF) e samarksita.

É usado em componentes eletrônicos, principalmente capacitores, como material dielétrico, devido a formação de uma pequena camada protetora de seu óxido (pentóxido de Tântalo - Ta$_2$O$_5$), tão menor e mais eficiente que o alumínio. É empregado na fabricação de telefones portáteis e computadores pessoais, bem como na indústria automobilística.

Também é largamente empregado na indústria metalúrgica, para produção de ligas que apresentam alto ponto de fusão, características especiais de interesse para a indústria química, nuclear, aeroespacial e aeronáutica. Da mesma forma para a indústria bélica, onde é encontrado em projetos de mísseis e balística. Devido sua resistência ao ataque de fluidos corporais e de não apresentar rejeição, é utilizado na indústria médica para confecção de instrumentos cirúrgicos e implantes. Na indústria óptica, seu óxido é empregado na fabricação de lentes especiais para câmeras.

A manipulação do Tântalo metálico deve ser feita com cuidado, pois mesmo não causando problemas o seu pó é considerado tóxico e explosivo.

A descoberta do elemento Cério começou em 1751, quando Cronstedt trabalhando no mineral escheelita, descreveu em seu relatório à Academia Real Sueca suas análises realizadas em três minérios de Ferro, e onde se refere à "Pedra pesada de Bastnäs", encontrada em uma mina, na cidade sueca de mesmo nome, conhecida e explorada desde o século 17. Nesse relatório ele cita algumas de suas características químicas e mineralógicas, dados que viriam a ser a fonte da descoberta de muitos elementos de terras raras nos anos futuros[87].

As minas de Bastnäs eram de propriedade da família von Hisinger, onde o filho do patriarca, Vilhelm von Hisinger, teve acesso à prática da química no laboratório do seu pai, aprendendo desde cedo os conceitos da mineralogia, química e física, e mais tarde a eletroquímica, sendo uma de suas grandes paixões.

Quando contava 15 anos de idade, enviou amostras deste mineral de "pedra pesada" à Carl Scheele para serem analisadas, mas este não encontrou nada de novo, além do Tungstênio, já descoberto. De família abastada, montou um laboratório de química analítica e começou a trabalhar juntamente com Jöns Jakob Berzelius em 1803 e, reanalisando a cerita, nome dado ao mineral de Bastnäs, com as técnicas de eletroquímica, pretendiam encontrar o elemento Ítrio, descoberto por Gadolin seis anos antes, mas conseguiram isolar um metal similar ao Ítrio, e verificaram que esta nova substância possuía características diferentes daquelas que esperavam, e a batizaram de céria. Com os dados organizados, publicaram a descoberta na revista alemã *"Neues Allgemeines Journal der Chemie"*[88].

---

[87] Cronsted, A.F. (1751) Rön och försök gjorde med trenne järnmalms arter. Kungliga Svenska Vetenskapsakademiens Handlingar. Vol. 12 pp 226-232.
[88] Weeks, Mary Elvira (1932). The Discovery of the Elements: Some Elements Isolated with the Aid of Potassium and Sodium:Zirconium, Titanium, Cerium and Thorium. *The Journal of Chemical Education.* 9 (7) pp 1231–1243.

O nome para o elemento, Cério, foi dado por Berzelius em 1803[89,90], e homenageia o planeta anão[91] Ceres descoberto em 1801 pelo astrônomo italiano Giuseppe Piazzi.

No mesmo ano de 1803, de forma totalmente independente, Klaproth ao analisar a mesma amostra do mineral de Bastnäs descobriu o mesmo elemento que Berzelius caracterizou, e o batizou de ochroita. Enviou suas descobertas ao mesmo jornal alemão e, mesmo sendo publicado em uma edição anterior ao da dupla Hisinger e Berzelius, o editor concedeu a estes últimos a primazia da escolha do nome.

Klaproth ainda sugeriu Cererium, como nome alternativo, mas não foi aceito. Hoje em dia os nomes dos três pesquisadores são citados como os descobridores do elemento Cério, o qual, na minha opinião, é o mais justo dadas as circunstâncias.

É o mais abundante das terras raras, constituído cerca de 0,0047% em peso da crosta terrestre. É encontrado em vários minerais como a alanita (também conhecida como ortita; monazita; bastnasita; rabdofana; zircônia e sinquisita. Os principais minerais empregados como fonte de Cério são a monazita e bastnasita e, os maiores depósitos

---

89 Berzelius, J.; Hisinger, H.H. (1803). Versuche über die wirkung der electrischen Säule aus Salze und Deren Basen". Neues Allgemeines Journal der Chemie. Vol. 1 pp 115-149.

90 Berzelius, J. ; Hisinger,H.H. (1807) Versuche über die wirkung der electrischen säule auf Salze und deren Basen. *Annalen der Physic*. Vol. 27 pp 270-304.

91 Corpo celeste semelhante a um planeta, pois possui movimento de translação e gravidade, contudo sua órbita é desimpedida, devido a existência de outros corpos celestes na sua proximidade, no caso, o cinturão de asteroides.

de areia monazítica encontram-se nos Estados Unidos, Brasil, Austrália, África do Sul, e Índia.

Possui uma gama bastante diversificada de usos. Na metalurgia é empregado como componente em ligas metálicas. Na indústria da química orgânica é empregado como catalizador. Na indústria eletrônica é associado ao Carbono para produção de lâmpadas especiais. Na indústria do vidro e cerâmica é utilizado como pigmento e, na indústria da medicina nuclear os compostos de Cério são utilizados na confecção do componente cintilador, das câmeras sensíveis à radiação gama de diagnóstico.

Os principais cuidados na manipulação do Cério, é a atenção que deve ser dada à sua propriedade de forte agente redutor, inflamando-se espontaneamente em contato com o ar em uma temperatura de 65-80°C. No estado de vapor, o Cério apresenta toxidade alta, e os sintomas aparecem como coceiras, sensibilidade ao calor e lesões na pele.

No mesmo ano de 1803, a publicação de um anúncio comercial, não de um artigo científico, divulgou a descoberta de um novo elemento químico: o Paládio, pelo químico Inglês William Hyde Wollaston, dando início a mais curiosa discussão sobre a existência de um elemento químico da história.

Wollaston havia desenvolvido a técnica de obtenção da Platina maleável, juntamente com seu sócio Smithson Tennant, que havia conhecido em Cambridge, tornando-se amigos e parceiros comerciais em um negócio que os deixara ricos. No processo, o minério de Platina era submetido ao ataque com água-régia, obtendo-se um precipitado, que era tratado com uma solução de cloreto de amônio. Com o aquecimento desta solução, obtinha-se pó de Platina residual[92].

O resíduo líquido era normalmente descartado, até que um dia Wollaston decide estudar esta solução, levando à descoberta de um novo metal que ele chamou de Paládio em 1803.

O anúncio comercial foi impresso em um panfleto anônimo e trazia as seguintes informações[93]:

PALLADIUM;

ou,

NOVA PRATA,
Possui estas entre outras propriedades, que demonstram ser

UM NOVO METAL NOBRE.

1. Dissolve-se em puro Espírito de Nitro, produzindo uma solução vermelho escuro.
2. Vitriolo Verde o faz precipitar, a partir desta solução, como sempre acontece com o Ouro na Água Régia.
3. Se você evaporar a solução, você obterá uma cal vermelha, que se dissolve no Espírito de Nitro ou outros ácidos.
4. É precipitado por Mercúrio e por todos os metais, mais Ouro, Platina e Prata.
5. Sua gravidade específica por martelamento foi de apenas 11,3, mas por alisamento foi de 11.8.
6. Em contato com fogo comum sua superfície mancha um pouco e fica azul, mas volta a ser brilhante outra vez, assim como outros metais nobres, quando fortemente aquecidos.
7. A maior temperatura obtida por ferreiro comum, dificilmente o derrete;
8. Mas se você o tocar enquanto estiver quente com um pouco de Enxofre, flui tão facilmente como o Zinco.

É vendido SOMENTE POR
MR. FORSTER, no n° 26, RUA Gerrard, SOHO, LONDRES.
Em amostras de cinco xelins, meio Guinéu e um Guinéu cada.

Figura 4 – Reprodução do anúncio comercial de Wollaston.

[92] Wollaston, W. H. (1829) On a method of rendering Platina malleable. Philosophical Transactions of the Royal Society ofLondon., 119 pp 1-8.
[93] Griffith, W. P. (2003) Bicentenary of Four Platinum Group Metals – Part I: Rhodium and Palladium – Events Surrouding Their Discoveries. Platinum Metals Rev. vol 47 (4).

Este panfleto comercial chamou a atenção do químico irlandês Richard Chenevix, que passando em frente à loja teve sua atenção despertada, em especial devido ao título: "Um novo metal nobre".

Não conseguindo obter nenhuma informação sobre a procedência do metal, e pensando tratar-se de impostura, tratou de comprar todo o estoque da loja e passou a analisá-lo, confirmando tratar-se de um novo elemento.

Apresentando suas descobertas e resultados à Royal Society de Londres, em 12 de maio de 1803, ele relata, passo a passo, as ações e impressões que lhe causaram o panfleto[94]:

"...o modo adotado para dar a conhecer uma descoberta de tanta importância, sem o nome de qualquer pessoa digna, exceto o vendedor, apareceu-me incomum na ciência e não foi considerado digno de confiança...".

Chenevix achava que o anúncio do novo metal se tratava de uma fraude, coisa de gente *"sem educação"*, como escreveu em seu relatório à Royal Society, e disse que se tratava realmente de uma liga de Platina e Mercúrio.

Em dezembro de 1803 Wollaston apresentou sua defesa em uma carta anônima, oferecendo uma recompensa de £ 20 para quem conseguisse obter Paládio de Platina e Mercúrio. Nesta disputa, muitos químicos famosos entraram na briga, mas nenhum conseguiu obter o Paládio desta forma.

O assunto foi terminado quando Wollaston

---

[94] Chenevix, R. (1803) Enquiries concerning the nature of ametallic substance lately sold in London, as a new metal, under the title of Palladium. Philosophical Transactions of the Royal Society of London. vol 93 pp 85-101 pp 176-182.

finalmente confessa que é o descobridor do Paládio, em um trabalho completo publicado no Nicholson Journal, em 1805. Neste trabalho diz que vários acontecimentos o levaram a descoberta do novo metal, e mais, que ao analisar o líquido resultante do processo de obtenção da Platina, descobriu a existência de um segundo novo metal[95].

Wollaston era de uma família com tradição científica, formou-se na Universidade de Cambridge e, com suporte financeiro oriundo de uma grande herança, dedicou-se desde cedo à química e, desta dedicação, conseguiu desenvolver um procedimento mais eficaz de obter Platina, que manteve em segredo até sua morte, o que lhe rendeu uma fortuna muito grande. Em 1793, quando contava com 27 anos, foi eleito membro da Royal Society de Londres. Aos 37 anos de idade, e já possuidor de uma vasta experiência, descobriu o Paládio e divulgou-o desta maneira insólita.

Chenevix, na época da rusga com o Paládio, contava com 29 anos, e também possuia um sólido conhecimento em química, com atividades dedicadas à análise de minérios. Formou-se na Universidade de Glasgow e também era membro eleito da Royal Society desde 1801. Viajou pela França e Alemanha e, retornando para seu país, dedicou-se a literatura, escrevendo romances, peças de teatro e poemas.

Até hoje não se sabe com certeza o motivo que levou Wollaston a não divulgar sua descoberta,

---

[95] Wollaston, W. H. (1805) On a new Metal, found in crude Platina. Journal of Natural Philosophy, Chemistry and the arts. Vol. X pp 34-43.

talvez a incerteza de que se tratava de um novo elemento, dado o tempo que ele levou para publicar um trabalho completo ou, o que é mais provável, não estava interessado em prestígio, mas sim em dinheiro, pois poderia ter que divulgar seu método secreto de extração de Platina, acabando com o monopólio, fato que veio a acontecer em 1829, alguns meses depois de sua morte[96].

Contudo a postura de Chenevix é compreensível e correta na óptica acadêmica, toda a comunidade cientifica da época estava atrás de novos elementos, visto que o século XIX foi o período de maior produtividade em se isolar elementos químicos da história (~43%), sendo assim, um anúncio deste tipo deve ter despertado, no mínimo, curiosidade.

O Paládio é utilizado na odontologia como prótese, na confecção de peças de relógio, na indústria aeronáutica e instrumentos cirúrgicos.

Devido a facilidade de difusão do Hidrogênio em sua rede cristalina quando aquecido, é utilizado como filtro para o gãs. Também na forma de ligas como Pt-Pd, Ni-Pd, e Pd-H tem muita aplicação em eletrônica e componentes elétricos. Em tecnologia ambiental o composto dicloreto de Paládio ($PdCl_2$), tem a propriedade de absorver grandes quantidades de gás monóxido de Carbono (CO). Na indústria química é usado como catalizador para acelerar reações de hidrogenação e desidrogenação e, na indústria petrolífera é utilizado no processo de craqueamento do petróleo.

---

96 Uselman, M. C. (1978) The Wollaston/Chenevix Controversy over the Elemental Nature of Palladium: a Curious Episode in the History of Chemistry. Annals of Science, 35 pp 551-579.

A indústria de joalheria empregava o Paládio largamente até 1939, onde era usado como metal precioso na confecção de joias. Com o início da II Guerra Mundial, a Platina foi declarada como metal estratégico e isso fez rarear seu uso na joalheria mundial. Junto com o níquel e a Prata, o Paládio pode ser ligada com o Ouro para a produção de ouro branco, tornando a liga mais dura e preciosa.

No mesmo trabalho que apresentou suas observações quanto ao Paládio, publicada no Nicholson Journal em 1805, Wollaston descreve também sua descoberta de outro metal no resíduo da Platina, que ele chama de *Rhodium*. O trecho do artigo abaixo foi retirado da pg. 34 do Nicholson Journal, e é muito interessante de o ler na íntegra.

"My inquiries having terminated more successfully than I had expected, I design in the present Memoir to prove the existence, and to examine the properties, of another metal, hitherto unknown, which may not improperly be distinguished by the name of Rhodium, from the rose-colour of a dilute solution of the salts containing it".

No artigo, Wollaston diz que suas investigações terminaram com um sucesso maior que podia esperar, e descreve a existência e propriedades de outro metal desconhecido, que ele batizou de *Rhodium* (do grego Rosa), devido a cor do precipitado obtido.

Inicialmente foi utilizado como ligante para endurecer a Platina e o Paládio, principalmente em joalheria, hoje estas ligas são empregadas na produção de elementos para a indústria de fibra de vidro, elementos de termopares[97] e na indústria aeronáutica.

Em joalheria é comum aplicar um tratamento de galvanoplastia chamado "banho de Ródio", que é cobrir o Ouro branco e Platina com uma superfície de Ródio, dando uma aparência homogênea de tom branco.

Também é utilizado como catalizador no ramo automobilístico e na síntese de ácido acético.

Embora no estado metálico o Ródio apresente propriedade inerte, quando na forma de composto é bastante reativo, devendo ser manipulado com cuidado, pois são considerados tóxicos e cancerígenos. No metabolismo humano não são conhecidas nenhuma atividade e, em contato com a pele, seus compostos podem causar manchas.

Enquanto Wollaston entretia-se com o Paládio e o Ródio, seu sócio Smithson Tennant, ao examinar também o mesmo resíduo de Platina, encontrou os elementos Ósmio e Irídio, em 1803, tratando de publicar suas descobertas na Royal Society[98].

"Quando a solução alcalina é formada, por adição de água à massa alcalina seca no cadinho, um cheiro pungente e peculiar é imediatamente percebido. Este cheiro, como eu descobri depois, surge a partir do aparecimento de um óxido metálico bastante volátil e, como esse cheiro é um dos seus atributos mais distintivos, eu deveria em conta disto chamar o metal Ósmio".

---

[97] Dispositivos elétricos para medição de temperatura.
[98] Tennant, S. (1805) On two metals, found in the black powder remaining after the solution of Platina. Philosophical Transaction of the Royal Society of London, 95 pp 411-418

O nome dado ao elemento Ósmio derivado grego para a palavra cheiro, sua característica mais marcante. Em sua forma metálica é frágil e apresenta uma coloração brilhante branco-azulada, mesmo em altas temperaturas. Na forma de pó, sua preparação é mais viável que metálica, mas em contato com o ar, oxida-se facilmente formando o tetróxido de Ósmio (OsO_4), que é tóxico e pode causar congestão nos pulmões e na pele, além de danos irreversíveis nos olhos.

Devida esta toxidade, o Ósmio não é largamente utilizado em seu estado puro, mas é muito utilizado na forma de ligas que necessitam de alta resistência e uso frequente. Em liga com Irídio, conhecida como osmerídio, é usada em pontas de caneta tinteiro, agulhas de toca-discos e contatos elétricos. Uma outra liga de Ósmio com Platina é usada na fabricação de marcapassos e válvulas pulmonares.

Como apresenta grande densidade eletrônica, seu óxido também é utilizado em microscopia eletrônica de transmissão (TEM). Em 1902 o químico austríaco Auer von Welsbach criou uma lâmpada que utilizava o Ósmio como filamento, contudo foi substituída pelo Tungstênio, poucos anos mais tarde, devido aos problemas de toxidade·

No início do século XIX, a Platina começava a ganhar importância devido suas aplicações principalmente em joalheria, e devido a isto, muitos químicos dedicaram-se à tarefa de desenvolver procedimentos de extrai-la o mais puro e em maior quantidade possível. Entre estes está Joseph-Louis Proust, que em 1801 chegou no mesmo resíduo negro de Wollaston, resultado da dissolução do mineral de Platina em água-régia, mas não deu importância ao achado, pois concluiu que era somente grafite ou resíduo de plumbago[99].

Conhecendo os estudos de Proust, e ao que parece não convencidos com este resultado, Antoine François de Fourcroy, trabalhando com Nicolas Louis Vauquelin, decidem investigar o resíduo negro, e em setembro de 1803 apresentam um artigo ao Instituto Nacional de Paris, republicado em 1804, onde descrevem os procedimentos aplicados e observações conclusivas. Primeiro atacaram o minério de platina com água-régia e, ao produto, adicionaram potassa. Depois adicionaram água, mesmo procedimento que utilizavam para extrair o Cromo. Esta solução aquosa eles trataram com água-régia, e depois adicionaram solução de cloreto de amônio, que revelou a presença de cristais vermelhos amarelados, o que os levou a concluírem que se tratava de um composto de um metal desconhecido, além de constatarem a presença de compostos de Titânio, Ferro, Cromo e Cobre. Contudo não estavam seguros em tomar uma posição de descoberta de um novo elemento, fato é que eles não batizaram sua descoberta, pois escreveram que somente iriam batizar o novo metal após mais testes, o que por algum motivo não ocorreu[100].

Tennant conhecia os relatórios de Fourcroy e

---

[99] Do latim *plumbago*, mina de Chumbo.

[100] Fourcroy et Vanquelin, Experiences sur le platine brut sur L'existence de plesieurs métaux, et d'une espèce nouvelle de metal dans cette mine". Ann. Chim. Vol. 48 (1803), pp 177; Vol. 49 (1804) pp 188, 219.

Vauquelin, e fazendo suas pesquisas no mesmo resíduo descrito anteriormente, verificou que não se tratava de grafite nem compostos de Chumbo, como acreditava Proust, e que realmente havia não um, mas dois novos metais junto coma Platina: o Ósmio e o Irídio.

Assim, no mesmo artigo que envia à Royal Society sobre sua descoberta do elemento Ósmio, na página 414 lemos também a publicação da descoberta do novo metal, o Irídio:

"Dado que é necessário dar um nome aos corpos que não tenham sido conhecidos antes, e mais conveniente que ele possa indicar alguma propriedade característica sua, sou inclinado a chamar esse metal Iridium, devido a variedade surpreendente de cores que dá, quando dissolvido em ácido marinho[101]".

O nome faz referência à deusa grega Íris, representada pelo arco-íris. O procedimento utilizado por Tennant foi semelhante ao utilizado para o Ósmio, ou seja, aqueceu o resíduo negro até a fusão e depois de adicionar soda cáustica, voltou a aquecer. Ao resíduo frio foi adicionado água suficiente para sua dissolução e, à esta solução foi adicionado o ácido clorídrico. Esta solução foi aquecida com soda cáustica até a fusão e o resíduo tratado com o ácido clorídrico, resultando daí cristais vermelhos escuros. Aquecendo estes cristais, ele viu que formava um pó branco, "impossível de ser fundido por qualquer grau de calor que eu pude dispor", escreveu em seu trabalho.

O Irídio é um metal raro na Terra, mas

---

[101] Ácido marinho era como chamava-se o ácido clorídrico. N.A

comumente encontrado em meteoritos. É utilizado principalmente como componente endurecedor em liga com a Platina e, devido a sua alta temperatura de fusão, é empregado na confecção de cadinhos especiais. É utilizado na medicina nuclear para tratamento de câncer de próstata, bem como de outros tipos. Também é empregado como catalizador para a produção de ácido acético via carbonilação do metanol.

É usado como pigmento preto para pintura em porcelana e como ponta de caneta tinteiro. Em sua forma metálica não apresenta toxidade, contudo seus compostos devem ser manipulados com muito cuidado.

No início do ano de 1800, a ciência é maravilhada com as potencialidades da eletricidade, e o conde Alessandro Volta[102], em resposta à teoria de Luigi Galvani que defendia que os metais produziam eletricidade somente quando estavam em contato com tecido animal, desenvolveu a pilha voltaica, demonstrando que metais em contato produzem eletricidade, e mais, que os melhores resultados foram obtidos quando vários discos eram sobrepostos, formando uma pilha com os metais Zinco e Prata intercalados com tecido embebido em solução ácida.

Começa então um período de descobertas de novos elementos químicos com a aplicação da eletroquímica, iniciada por Vilhelm von Hisinger, descrito anteriormente, e amplamente empregada

---

[102] Vale a pena ler a biografia deste cientista, que tantos benefícios trouxe à humanidade. N.A.

pelo químico inglês Sir Humphry Davy, um dos pioneiros no uso da eletroquímica, vindo a descobrir e isolar vários elementos com a nova tecnologia.

Conhecidos desde a antiguidade, compostos de Sódio e Potássio já eram empregados para lavagem de roupas devido seu poder alvejante. A cinza resultante da queima da madeira em fogões de lenha, por exemplo, é empregada ainda hoje como alvejante, onde são acondicionadas em pequenos embrulhos de pano e mergulhados na água onde estão as roupas sujas. Também são empregadas para fabricar sabão de cinzas, devido a propriedade de saponificação da potassa sódica.

Potassa sódica, eis aí a confusão que sempre se fez, e ainda se faz, com as substâncias que continham o Potássio e Sódio. Os israelitas as denominavam de *neter*, os gregos de *nitron*, os romanos de *nitrum*, os alquimistas de *natrão* e os árabes de *alkcali*.

Sódio e Potássio somente foram diferenciados em 1758 por Andreas Sigismund Marggraf, quando observou que seus sais produziam coloração diferente em chama[103].

Estas substâncias ele batizou de *alcali minerale* (alcali mineral ou soda), pois partiu de uma amostra de carbonato de Sódio (Na_2CO_3), proveniente dos lagos de sal do Egito e, *alcali vegetabile* (alcali vegetal ou potassa), obtido como resíduo da queima de substâncias vegetais, na forma de carbonato de

---

[103] Marggraf, A.S. (1764) Démonstration de la possibilité de tirer les sels alcalis fixes du tartre, par le moyen des acides, sans employer l'action d'un feu véhément. Histoire de l´Académie Royale des Sciences et des Belles-Lettres de Berlin. T20, Cl. De Philosophie Expérimentale, pp 3-17.

Potássio (K_2CO_3). Todavia, estes nomes não foram aceitos, e os químicos continuaram utilizando as palavras soda ou potassa para se referirem a ambas substâncias, sem discernimento.

Então, em 1797 surge novamente Klaproth, que apresentou um artigo à Academia Real de Berlim, sugerindo o nome *Kali* para o Potássio e *Natron* para a soda[104].

"A palavra potassa, aplicado na nova nomenclatura química para um nome genérico, não pode esperar uma aceitação geral na Alemanha, uma vez que tem um significado etimológico ruim, encontrando apenas a sua origem no fato de que antigamente, a lixívia[105] condensada de cinzas era obtida queimando a madeira em uma panela de Ferro (pote da Baixa Saxônia), o que hoje se faz nos modernos fornos de calcinação.

Minha proposta é: determinar o nome Kali, em vez dos atuais álcalis vegetal, lixívia de sal vegetal, potassa, etc, e retornar à antiga denominação Natron, e ao invés dos nomes álcali mineral, utilizar a palavra soda, etc".

O Potássio e o Sódio foram isolados em 1807 por Sir Davy, utilizando a eletrólise em solução de hidróxido de Sódio e Potássio. Em novembro do mesmo ano, é convidado pela Royal Society de Londres para proferir uma "Bakerian Lecture"[106], e publica os procedimentos e suas conclusões cm

---

104 Klaproth, M.H. (1797) Beitrag zur chemischen naturgeschichte des Pflanzenalkali. Königlichen Akademie der Wissenschaften zu Berlin pp 68-71.

105 Lixívia na Europa é a popular cândida no Brasil, que serve para alvejar roupas. A lixívia citada pelo autor trata-se do que no Brasil é conhecido por barrilha, que pode ser hidróxido (ou carbonato) de sódio ou potássio ou bicarbonato de sódio, todas empregadas na fabricação de sabão. N.A.

106 A Bakerian Lecture é uma palestra prêmio, organizada pela Royal Society, e criada em 1775 pelo naturalista Henry Baker, quando este doou £100 para a entidade promover palestras que contemplassem as áreas de história natural e filosofia experimental. N.A.

1808[107]. Nas conclusões ele propõe a latinização, prática em voga na época, dos nomes dos elementos Potássio (*Potassium e Kalium*) e Sódio (*Sodium e Natrium*). Eis algumas observações retiradas de sua Bakerian Lecture, que sugiro aos interessados lerem na íntegra por ser muito interessante e sugestiva:

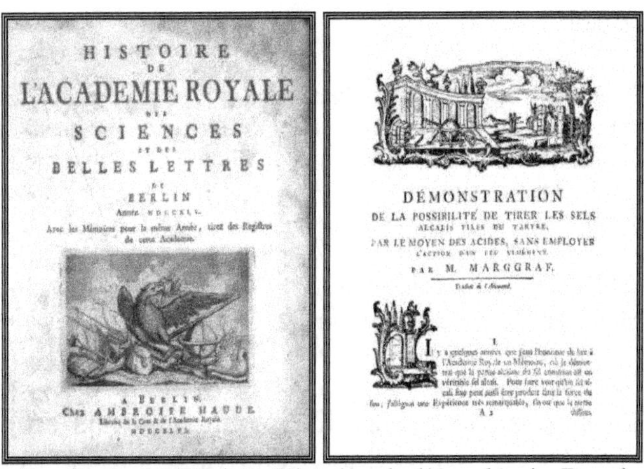

Figura 5 - Capa da Revista Histoire de l'Académie Royale des Sciences et des Belles-Lettres de Berlin e página do artigo de Marggraf, respectivamente.

"Nas primeiras tentativas que fiz sobre a decomposição dosálcalis fixos, eu utilizei soluções aquosas saturadas em temperatura ambiente de potassa e soda[108], e a maior potência elétrica que eu poderia dispor, produzida por uma combinação de pilhas Voltaicas, pertencentes à Real Instituição, contendo 24 placas de Cobre e Zinco de 12 polegadas quadradas, 100 placas de 6 polegadas e, 150 de 4 polegadas quadradas, intercaladas com solução de sulfato de alumínio e ácido nítrico, mas nestes casos, embora não houvesse

---

[107] Davy, H. (1808). On some new phenomena of chemical changes produced by electricity, particularly the decomposition of the fixed alkalies, and the exhibition of the new substances which constitute their bases, and on the general nature of alkalinebodies. Philosophical transactions of the Royal Society of London. (98) 1 pp 1-44.
[108] Hidróxidos de potássio e sódio. N.A.

134

uma elevada intensidade de ação, somente a água das soluções foram afetadas, desprendendo Hidrogênio e Oxigênio e produzindo muito calor e efervescência violenta".

Como não conseguiu nada, além da decomposição da água, tentou outra experiência, agora com os sais fundidos submetidos à corrente elétrica:

"A presença de água parece, assim, impedir qualquer decomposição, então usei potassa em fusão ígnea. Por meio de uma corrente de gás Oxigênio oriunda de um gasômetro que alimentava a chama de uma lamparina de álcool, a potassa foi posta em uma colher de Platina e, esta colher com alcalóide foi mantido por alguns minutos neste calor forte, até atingir a cor vermelha, e um estado de fluidez perfeita. A colher foi colocada em comunicação com o lado positivo da bateria de 100 placas com 6 polegadas, altamente carregada e, a ligação do lado negativo foi feita por um fio de Platina.

Com este arranjo, alguns fenômenos brilhantes foram produzidos. A potassa mostrou-se ser um condutor de alto grau, e de forma que a comunicação foi preservada, uma luz muito intensa foi observada no fio negativo, e uma coluna de fogo, que parece ser devido ao aparecimento de matéria combustível, surgiu no ponto de contato.

Quando a ordem foi alterada, de modo que a colher de Platina foi feita polo negativo, uma luz viva e constante apareceu no ponto oposto, não houve o efeito da inflamação, mas de "glóbulos aeriformas"[109], que inflamavam na atmosfera, desprendiam-se através da potassa.

Uma pequena quantidade de potassa pura, que havia estado exposta na atmosfera por alguns segundos, de modo a dar poder condutor à superfície, foi colocada sobre um disco de Platina e conectado ao lado negativo da bateria de 250 placas com 6 e 4 polegadas quadradas, e um fio de Platina, comunicando-se com o lado positivo, foi colocado em contato com a superfície superior do álcali. Todo o conjunto estava em atmosfera aberta.

Nestas circunstâncias, uma ação vívida logo foi observada. A potassa começou a fundir em ambos os seus pontos de eletrização. Houve uma violenta efervescência na superfície superior, na superfície inferior, ou negativa, não houve liberação de fluido elástico, mas pequenos glóbulos

---

[109] Substâncias existentes como (ou que) tenham características de um gás, o vapor é água no estado gasoso, por exemplo. N.A.

possuindo um forte brilho metálico, muito similares em características a Prata, apareceram, alguns arderam com explosão e uma chama brilhante, tão logo eram formados, outros permaneciam intactos, formando manchas e, finalmente, eram cobertos por uma película branca que se formava em suas superfícies

Esses glóbulos, repetidos em numerosos experimentos, logo mostraram ser a substância que procurava (...), para eliminar a suspeita de ser um composto de Platina, peças do mesmo tipo confeccionada de Cobre, Ouro, Prata, grafite, ou mesmo de carvão foram empregadas para completar o circuito elétrico".

Em suas "Obras completas de Humphry Davy", vol. 1, pg. 109, ele relata que descobriu o Potássio em 06 de outubro de 1807 e o Sódio poucos dias depois, utilizando o mesmo procedimento.

Em 1813 e 1814, Berzelius publica um artigo no jornal britânico "Anais de Filosofia", com o seu "sistema de símbolos atômicos"[110], ferramenta que desenvolveu para, ao que parece, reunir os elementos até então conhecidos, atribuindo-lhes símbolos para facilitar e unificar a compreensão e a escrita das reações químicas no estudo de suas proporções em uma reação. Nesta proposta, os símbolos dos nomes dos elementos são formados por uma ou duas letras do seu nome em latim. Neste primeiro artigo, ele seguiu a nomenclatura do descobridor britânico Davy, e abreviou Potássio e Sódio como Po e So, respectivamente. Mas depois de um ano, retificou para *Kalium* e *Natrium*, este último, com certeza de *Natronium*.

Em 30 de junho de 1808, Davy apresenta suas

---

[110] Thonson, T. Annals of Philosophy or, Magazine of Chemistry, Mineralogy, Mechanics, Natural History, Agriculture, and the Arts. Vol. II (1813) pp 443-454; Vol. III(1814) pp 51-2, 93-106, 244-255, 353-364. London.

conclusões à Royal Society sobre o sucesso em isolar as terras alcalinas Bário, Estrôncio, Cálcio e Magnésio[111]. A descoberta do elemento Cálcio partiu de uma mistura de óxido de cálcio (cal) e óxido de Mercúrio, a mesma combinação que Berzelius e Pontin estavam tentando, todavia, como Davy possuía mais experiência em eletroquímica, obteve sucesso primeiro na obtenção do metal, nomeando-o como Cálcio, do latim *Calx* (cal).

"Estas novas substâncias demandam nomes, e sobre os mesmos princípios que eu denominei os álcalis, Potássio e Sódio, atrevo-me a denominar os metais das terras alcalinas de Bário, Estrôncio, Cálcio e magnium, sendo que este último é, sem dúvida desagradável, mas Magnésio* já foi aplicado ao manganês metálico, e, consequentemente é um termo equívocado.
* Bergman, Opusc. Tom. Ii. P. 200. [This term he afterwards preferred, vide Vol. IV. Coll. Works, p 258.]".

O Magnésio, é outro antigo conhecido da humanidade, desde os tempos da alquimia, quando encontramos as citações *magnesia alba levis* ($MgCO_3.Mg(OH)_2.4H_2O$), que é a magnésia branca, também conhecida como *terra magnesiana,* e *magnésia alba ponderosa,* ($4MgCO_3.Mg(OH)_2.5H_2O$). O termo *magnesia alba* foi usado para diferenciar da *magnesia nigra,* óxido de manganês (MnO_2), que é negro.

Em artigos datados do início do século XVII, sobre uma seca que assolou a vila inglesa de Epsom, na cidade de Surrey, os agricultores comentam que o gado evitava beber água nos buracos que eles

---

[111] Davy, H. (1808) Philosophical transactions of the Royal Society of London. Ref. 107.

abriam no campo e, no final deste mesmo século, o médico e botânico inglês Nehemiah Grew publica um tratado[112], no qual descreve os sais presentes na água dessas fontes minerais, e suas propriedades medicinais. Este fato chamou a atenção da população, que transformou o local em uma zona termal, devido à presença do sulfato de Magnésio, batizado de "sal de Epsom", *"epsomite"*, "sal anglicano" ou "sal amargo".

Na segunda metade do século XVIII, Joseph Black[113] distingue os componentes da cal virgem (CaO) da *magnesia alba*, confundidas até então. Black era um químico e físico inglês que inventou a balança analítica e desenvolveu a teoria do calor latente, fundando a termodinâmica. O estudo de sua teoria e biografia nos ajuda a entender o desenvolvimento da fisico-quimica e da revolução industrial, possível somente graças aos inventos do motor a vapor.

Em 1792 o químico austríaco Anton von Rupprecht produziu uma forma impura do metal quando aqueceu magnésia (óxido de Magnésio) com carvão vegetal, batizando o elemento como *austrium*, em homenagem a sua terra natal.

Então, em 1808, Davy consegue isolar o metal impuro por eletrólise partindo de uma mistura de magnésia e óxido de Mercúrio (HgO), chamando-lhe *magnium*, a fim de evitar confusão com o Manganês, o metal encontrado na *magnesia nigra*. O metal puro foi obtido somente em 1831, por Bussy.

---

[112] Grew, N. (1697) *A treatise of the nature and use of the bitterpurging salt contain'd in Epsom and such other waters.* London.
[113] Black, J. Dissertio Medica Inauguralis, de Humore acido acibis orto, et Magnesia alba. Edinburgh, 1754.

O sapateiro e alquimista bolonhês Vincenzo Cascariolo, como todo alquimista, esperava encontrar a pedra filosofal. Em uma de suas experiências, no ano de 1602, aqueceu uma mistura de carvão em pó e um espato[114] pesado, que hoje sabemos tratar-se de sulfato de Bário. Depois de um tempo de aquecimento, espalhou esta mistura sobre uma base de Ferro e deixou esfriar. Para sua tristeza o Ferro não virou Ouro, mas quando ele foi pegar a barra, que estava em uma sala escura, ficou surpreso ao vê-la brilhar.

Embora o efeito era breve, Cascariolo descobriu que expondo-a ao sol a barra era "reanimada" e voltava a brilhar.

Como costuma-se dizer, o sapateiro alquimista descobriu a fosforescência "por acaso", mas para ele e seus contemporâneos o processo todo era um mistério, e o novo composto alquímico passou a ser conhecido como *lapis solaris* ou "pedra de sol" e, mais tarde como "Pedra de Bolonha".

Em 1774, Scheele analisando a pirolusita (MnO_2), observou que haviam pequenos cristais incrustados no mineral, e fazendo as devidas investigações químicas, concluiu que estes cristais possuíam características desconhecidas. Chegando ao seu óxido reconheceu tratar-se de uma nova terra, e primeiramente denominou sua descoberta de *Schwerspatherde,* ou *terra de espato pesado.* Dois anos depois, seu amigo e fornecedor das amostras de pirolusita, Johan Gottlieb Gahn, encontrou o mesmo óxido no espato pesado de Cascariolo,

---

[114] Mineral laminar que pode ser facilmente esfoliado, como a mica. N.A.

minério que continha o sulfato de Bário ($BaSO_4$). Louis Bernard Guyton de Morveau[115], advogado, político e químico francês, sugeriu o nome *barote* e, mais tarde, Lavoisier mudou para barita, do grego *barys* - pesado.

Em 1808, Davy anuncia sua descoberta à *Royal Society*, quando consegue isolar o metal por meio da eletrólise da barita ($BaSO_4$) fundida, nomeando o metal como Bário.

No mesmo ano de 1808, com diferença de nove dias nas publicações, a dupla francesa Gay-Lussac e Thénard descobrem o elemento Boro, juntamente com Sir Davy na Inglaterra.

A dupla francesa isola a substância a partir do ácido bórico, e publica suas observações em 21 de junho, propondo o nome[116].

"O resultado, portanto, de todas essas experiências, que o ácido bórico é realmente composto de Oxigênio e um corpo combustível.

Tudo isso prova que este corpo, que propomos chamar de Boro, é de uma natureza peculiar, e pode ser colocado junto ao Carbono, Fósforo e Enxofre e somos levados a acreditar, que a mudança para o estado de ácido bórico, requer uma grande quantidade de Oxigênio, mas que antes de chegar a este estado, ele primeiro passa a óxido (1).

(1) Vários químicos têm feito testes sobre a decomposição do ácido bórico, de onde extraíram diversas observações.

Fabroni argumentou que esse ácido não era outro senão uma modificação do ácido muriático. (Ver Sistema de Química Dr. Fourcroy, seção ácido bórico).

É encontrado no Vol. 35º dos Annales de Chimie, pag. 202, uma

---

[115] É creditado à Louis Bernard Guyton de Morveau a organização de uma primeira nomenclatura em química, por volta de 1782.
[116] Gay-Lussac, J.L.; Thenard, L. (1808) Sur la décomposition et la recomposition de l´acide boracique. *Annales de Chimie.* 68[1] pp 169-174

longa série de experiências sobre este fenômeno do ácido bórico, por tratamento com ácido muriático: Destas experiências se conclui que o carvão é um dos seus elementos.

Finalmente o Sr. Davy, submetendo o ácido bórico saturado à ação do fluido galvânico, notou marcas pretas do combustível no polo negativo, mas ele disse que, diante dessa constatação, e sendo empregado em experimentos de álcalis, isso poderia acontecer. Veja a Memórias do Sr. Davy, que chegou à França dois meses atrás, e um trecho do que foi incluído no último Boletim da Sociedade Filomática. Até agora, os princípios de ácido bórico não eram ainda conhecidos. Tínhamos, de fato,anunciado em 21 de junho que o ácido continha Oxigênio e, portanto, qualquer material combustível. (Consulte o Boletim da Sociedade Filomática do mês de julho), mas como não tínhamos decomposto e nem reconstituído, não determinamos quanto sua natureza".

Em trinta de junho do mesmo ano, Sir Davy apresenta suas conclusões a Royal Society, em uma Bakerian Lecture, expondo em um minucioso trabalho o método empregado para a obtenção do Boro metálico, pelo aquecimento de uma mistura de ácido bórico e Potássio dentro de um recipiente de Cobre. No item intitulado: *"Experimentos sobre a decomposição e composição do ácido bórico"*, propõe o nome de *"Boracium"* para o elemento,reconhecendo suas propriedades metálicas[117,118].

Somente no ano de 1824, a substância é reconhecida como elemento químico por Berzelius,

---

[117] Davy, H. (1809) An account of some new analytical researches on the nature of certain bodies, particularly the alkalies, phosphorus, sulphur, carbonaceous matter, and the acidshitherto undecomposed: with some general observations on chemical theory. Philosophical Transactions of the Royal Society of London. (99) pp 39–104.

[118] Davy, H. (1809) An account of some new analytical researches on the nature of certain bodies, particularly the alkalies, phosphorus, sulphur, carbonaceous matter, and the acidshitherto undecomposed: with some general observations on chemical theory. Proc. Roy. Soc. London. (1) pp 318-322.

que obtêm o Boro por redução do borofluoreto de potássio aquecido com potássio metálico[119,120].

No princípio do século XIX, o químico francês Bernard Courtois produzia pólvora em sua fábrica de Salpeter, ou nitrato de potássio, para suprir o exército de seu país que estava em plena campanha nas guerras napoleônicas. Necessitando de grandes quantidades do explosivo, o processo utilizado por Courtois empregava o carbonato de sódio, que é obtido de cinzas vegetais, mas, para dar conta dos pedidos e suprir a falta de cinzas de madeira que estavam escassas, utilizou como fonte destas cinzas as algas que recolhia nas costas da Normandia e Bretanha.

Certo dia, experimentando seu procedimento para extrair a soda, adicionou sobre a cinza, que estava em um recipiente de metal, ácido sulfúrico em excesso, o que resultou uma densa nuvem de coloração violeta (do grego *iodes*), que condensava em pequenos cristais brilhantes quando encontrava uma superfície fria. Depois observou que o recipiente apresentava pontos de corrosão.

Continuou suas pesquisas, sem parar de produzir a pólvora, e descobriu que sua substância reagia facilmente com o Hidrogénio, Fósforo e alguns metais, mas dificilmente com o Oxigênio e Carbono, além de formar um composto explosivo quando em

---

[119] Berzelius J. J. (1824) Undersökning af flusspatssyran och dess märkvärdigaste föreningar. Kongliga Vetenskaps-Academiens Handlingar. vol. 12 pp. 46-98
[120] Berzelius, J. J. (1824) Untersuchungen über die Flußspathsäure und deren merkwürdigste Verbindungen. Poggendorff's Annalen der Physik und Chemie. vol. 78, pp 113- 150.

contato com a amônia[121].

Devido as dificuldades financeiras que sua família passava, não pôde aprofundar-se pessoalmente nas pesquisas, desta forma passou o que havia descoberto para seus amigos, Nicolas Clément e Charles-Bernard Désormes, para que continuassem os testes com a substância.

Devido suas outras atribuições, pois Clément era professor de química no *Conservatoire des Arts et Métiers*, somente no ano de 1813 ele anunciou a descoberta ao Instituto Imperial da França, dando o mérito à Courtois como o autor da descoberta do elemento. O nome - Iodo - foi proposto por Gay-Lussac, que também havia recebido uma amostra de Courtois, assim como Ampère, que por sua vez, deu sua amostra à Davy e este, enquanto viajava pela França, fazia experiências em um laboratório portátil que carregava sempre junto de si. De posse dos resultados de suas observações, enviou um trabalho à *Royal Society*[122,123] que, além dos resultados das análises, também reconhecia Courtois como o descobridor do Iodo.

De alguma forma, Courtois sabia que sua descoberta era importante, é o que se conclui ao ler seu trabalho e, mesmo sabendo, distribuía amostras de seus cristais para serem testados por outros cientistas e farmacêuticos da época e, pelo

---

[121] Courtois, B. (1813) Découverte d'une substance nouvelle dans le Vareck, Ann. Chim. Vol. 88 pp 304-310.

[122] Davy, H. (1813) Sur la nouvelle substance découverte par M. Courtois, dans le sel de Vareck. Ann. Chim. Vol. 88 pp 322-329.

[123] Davy, H. (1814) Some Experiments and Observations on a New Substance Which Becomes a Violet Coloured Gas by Heat. Phil. Trans. R. Soc. Lond. Vol 104 pp74-93.

que sua viúva escreveu em uma carta ao secretário da Faculdade de Farmácia de Paris[124], parece que sua maior recompensa, sua maior satisfação, era receber notícias do emprego de sua descoberta em medicina, como por exemplo no tratamento do Bócio.

Ainda no princípio do século XIX, o químico sueco Johan August Arfwedson, aluno de Berzelius, anuncia a descoberta do elemento Lítio em 1817. Seu nome vem do grego *Lithos* (pedra), e sua descoberta partiu das análises com a petalita, mineral descoberto em 1818 na ilha sueca de Utö, arredores de Estocolmo, pelo patriarca da independência do Brasil, e que também era mineralogista, José Bonifácio de Andrada e Silva[125].

Arfwedson ficou intrigado com a coloração vermelha que os sais emitiam na chama, e suas análises mostraram que era constituída de sílica, alumina, e de outro elemento que ele tratou como sendo um alcaloide, pois apresentava o mesmo comportamento químico que o Potássio, e com uma reatividade maior que os outros alcaloides conhecidos.

Certo de se tratar de um novo elemento, Berzelius enviou uma carta com o relato da descoberta ao químico francês Claude Louis Berthollet Comte, que a passou ao editor von Gilbert, da revista científica *Annalen der Physik*, que

[124] Toraude, L.G. (1921) Bernard Courtois (1777-1838) et la découverte de l'iode (1811). Vigot Frères. Paris.

[125] Berzelius, J. J. (1818) Lettre de M. Berzelius à M. Bertolt sur deux Métaux nouveaux) Annales de Chimie et de physique, S.2 Vol. 7 pp 199-206.

a publicou em 1818[126].

No mesmo ano, William Thomas Brande e Sir Davy conseguem isolar o metal puro pela eletrólise do óxido de Lítio, mas em quantidade muito pequena e, em 1855, Robert Bunsen e Matiessen utilizando o cloreto de Lítio conseguem obter o metal em maior quantidade.

Na medicina seus compostos são utilizados no combate à uremia (excesso de ácido úrico no sangue) e, como estabilizador de humor, controlando a agressividade e a impulsividade, e de acordo com H. Ohgami[128], locais que possuem fontes de águas naturais onde há a presença de Lítio, a incidência de suicídio é menor.

Já com excesso de Lítio, a pessoa apresenta tremor forte, voz arrastada e difícil, pernas fracas, fraqueza muscular, diarreia e vômitos.

Na indústria utiliza-se o carbonato de Lítio para endurecer vidros e espelhos, e o estearato de Lítio é usado na fabricação de graxas lubrificantes para

---

[126] Arfwedson, J. A. (1818) Chemische Entdeckungen im Mineralreiche, gemacht zu Fahlun in Schweden: Selenium ein neuer metallartiger Körper, Lithon ein neues Alkali, Thorina eineneue Erde. Annalen der Physik. Vol 59 issue 7 pp 229-254.

[127] Sódio e potássio.

[128] Ohgami, H., et al. (2009) Lithium levels in drinking water and risk of suicide. The British Journal of Psychiatry. Vol 194 pp 464–465. doi: 10.1192/bjp.bp.108.055798

automóveis. O Lítio encontra ainda emprego na fabricação de células eletroquímicas.

O Cádmio foi descoberto em 1817 pelo químico e professor da Universidade de Göttingen, Friedrich Stromeyer. É um metal relativamente raro na natureza, e é encontrado principalmente nos minerais de Zinco, como a blenda, calamina, smithsonita e hidrozincita, em porcentagens que variam de 0,1 a 0,3%.

Diferentemente da história da descoberta do Iodo e Lítio, onde aconteceu dentro do cavalheirismo e ética, a descoberta do Cádmio está envolvida em um conflito entre o professor Friedrich Stromeyer, o médico-inspetor Johann Roloff, que fazia um trabalho parecido com a vigilância sanitária moderna e, o químico Karl Samuel Leberecht Hermann.

Stromeyer fazia pesquisas com os minérios de Zinco e seus óxidos, cujo emprego em medicina era bastante diversificado no princípio do século XIX e, naturalmente, havia grande oferta dos minerais nas boticas.

Em suas visitas técnicas às boticas, Roloff encontrou um óxido de Zinco fabricado pela *Chemische Fabrik zu Schönebeck*, de propriedade de Hermann, no qual apresentava características diferentes das usuais, e o mais intrigante, o preço era mais baixo.

Nos primeiros testes de qualidade, Roloff suspeitou de contaminação com arsênico e, preocupado, enviou ao laboratório amostras do produto para uma análise mais cuidadosa, mas continuou com seus testes e constatou não se tratar da substância, mas um metal com características até então desconhecidas e que ocorria junto com o Zinco.

Certo tratar-se de um novo metal, enviou uma descrição de sua descoberta, juntamente com uma amostra do metal que isolou, ao célebre médico alemão Christoph Wilhelm Friedrich Hufeland, afim de que publicasse em seu *Journal der praktischen Arznei und Wundarzneikunde.* Contudo a edição de fevereiro de 1818 atrasou e, enquanto isso, as amostras foram analisadas por uma comissão oficial, cujas conclusões de Roloff foram confirmadas, havia realmente um novo metal, e sugeriram o nome Klaprothium, homenageando Klaproth, recentemente falecido.

Neste meio tempo, em seu laboratório na fábrica, Hermann também havia conseguido isolar o metal, e enviou amostras para o professor Stromeyer estuda-las em seu laboratório na universidade, o que ocorreu positivamente, encontrando o metal nos fins de 1817 e batizando-o o de *Kadmium.*

De posse do relatório das autoridades de Berlim, Roloff enviou-o juntamente com amostras de seu metal para Stromeyer, pedindo para que ele estudasse e, no caso de confirmar a existência de um novo metal, este poderia batiza-lo com seu nome, contudo, recebeu uma carta de volta de Stromeyer dizendo que o metal já havia sido identificado por ele, em amostras que recebera de Hermann.

Hermann não perdeu tempo em divulgar sua descoberta, e enviou dois trabalhos ao editor Ludwig Wilhelm Gilbert, do *Annalen der Physik,* publicado no volume 59, edição de maio de 1818[129,130].

Em outubro de 1818, Stromeyer publicou suas conclusões no *Annalen der Physik*[131], mas na introdução ele diz que foi consultado por ambos para resolver a pendência, o que levou Roloff e Hermann a responderam imediatamente em outros dois trabalhos publicados na edição seguinte do *Annalen der Physik*[132,133], onde relatam sobre a história da descoberta.

A pendência ainda perdura, mas parece que o editor Gilbert decidiu pela publicação do professor Stromeyer como sendo a primeira, fato é que adota o nome proposto por ele para o elemento Cádmio.

Junto com seus estudos sobre o Lítio, Berzelius publica um trabalho em 1818 onde relata a descoberta do Selênio[134]. Grande observador e cientista que era, teve sua atenção despertada por uma substância de coloração vermelha que restava como subproduto na produção do ácido sulfúrico, na fábrica que possuía com Johann Gahn.

Klaproth, anos antes, dizia que da produção do

---

[129] Hermann, K, S. L. (1818) Entdeckung zweier neuer Metalle in Deutschland. Annalen der Physik 59 (5) pp 95-108.

[130] Hermann, K. S. L. (1818) Noch ein Schreiben über das neue Metall. Annalen der Physik 59 (5) pp 113–116.

[131] Stromeyer, H. (1818) Ueber das Kadmium. Annalen der Physik. vol 60, issue 10 pp 193-210.

[132] Dr. Roloff. (1819) Zur Geschichte des Kadmium. Annalen der Physik. Vol. 61, issue 2 pp 205-210.

[133] Hermann, K. S. L. (1820) Ueber das Schlesische Zinkoxyd und den Kadmium-Gehalt desselben. Annalen der Physik. Vol 66, issue 11 pp 276-289.

[134] Berzelius, J.J. (1818) Chemische Entdeckungen im Mineralreiche, gemacht zu Fahlun in Schweden: Selenium ein neuer metallartiger Körper, Lithon ein neues Alkali, Thorina eine neue Erde. Annalen der Physik. Vol. 9, issue 7 pp 229-254.

ácido sulfúrico pela queima do enxofre resultava um material de coloração castanho avermelhado que, ao seu ver, tratava-se de Telúrio. Berzelius testando este subproduto por aquecimento, verificou que se desprendia um odor semelhante ao Telúrio, contudo, fazendo suas análises, verificou tratar-se de um novo elemento químico, muito semelhante ao Telúrio. Passou então a estudar este novo elemento e, devidamente caracterizado, batizou-o de Selênio, referência à deusa Selene (identificada com a Lua), irmã da deusa Tellus (a Terra).

Encontra-se muito difundido pela crosta terrestre, quase sempre sob a forma de *selenetos*, geralmente acompanhando sulfetos nos minerais berzelianita: Cu_4Se, tiemanita: $HgSe$, naumanita: Ag_2Se, eucairita ($CuAgSe$), crooksita ($CuThSe$), e claustalita ($PbSe$).

Os principais produtores de Selênio são os EUA e o Canadá, seguidos pelo Japão, Suécia e Zâmbia. O Selênio livre é encontrado nos resíduos de combustão das piritas, quando se prepara o ácido sulfúrico.

Em 1823, Berzelius também descobre o Silício[135], que já havia sido identificado por Lavoisier em 1787, confundido como sendo um composto por Davy[136] no ano de 1800, e preparado na forma

---

[135] Berzelius, J.J. (1823). Undersökning af flusspatssyran och dess märkvärdigaste föreningar. Kongliga Svenska Vetenskaps Academiens Handlingar (Stockholm). pp 46-98. Disponível em: https://books.google.com.br/books?id=pJlPAAAAYAAJ&pg=PA46&re dir_esc=y#v=onepage&q&f=false Acessado em Fevereiro de 2022.
[136] Davy, H. (1808) Philosophical transactions of the RoyalSociety of London. Ver Ref. 107.

impura por Gay-Lussac e Thenard em 1811, quando reagiram Potássio com tetrafluoreto de Silício.

Em sua publicação, Berzelius relata que chegou ao Silício empregando o mesmo método de Gay-Lussac, com a diferença que obteve o elemento puro, fruto de repetidas lavagens para remoção dos fluorsilicatos.

O Silício é o segundo elemento mais abundante na Terra. Não é encontrado isolado na natureza, mas em forma dos mais diversos compostos, especialmente na forma de dióxido de silício, ou quartzo, e outros silicatos. É um elemento vital na sociedade moderna e suas aplicações são tão grandes quanto sua ocorrência, por exemplo na indústria de vidros, concreto, eletrônica e microeletrônica.

Conhecido desde a Grécia e Roma antigas, o Alumínio já era empregado como alúmem[137] na indústria de tecidos como fixador de pigmentos, e na medicina como cicatrizante de feridas, graças ao ser poder de constrição.

O nome Alumínio parece ter surgido pela primeira vez em 1761, quando Gutyon de Morveau propôs chamar o alúmem (que sabiam tratar-se de um composto) de alumina. Em 1789 Lavoisier apresenta seu "Tratado de Química" e faz referência à alumina, mas ainda como composto de Sódio e Potássio.

Desde 1808, tentava-se obter o Alumínio puro, mas o máximo que se conseguia era na forma de liga com outros metais, é o caso das experimentações

---

[137] Sulfato de alumínio e potássio ($KAl(SO_4)_2 . 12(H_2O)$). N.A.

engenhosas de Davy que, mesmo falhando na obtenção do metal puro, propôs o nome do elemento em seu trabalho apresentado à Royal Society[138]. Berzelius também tenta, sem êxito, a eletroquímica utilizando o Mercúrio como cátodo e, em 1822 Faraday e James Stodart também entram na corrida, e somente conseguem uma liga de Ferro e Alumínio, através da redução do Ferro com carvão.

Em 1825, o físico e químico dinamarquês Hans Christian Orsted[139] apresenta uma amostra do metal à Academia de Ciências de Copenhague que,segundo relato de Wöhler, foi preparada a partir de cloreto de Alumínio através de um método que ele desenvolveu, mas duvida-se que era Alumínio puro. Parece que o próprio Oersted sabia que não havia chegado no metal puro, pois nunca publicou seus trabalhos conclusivos. Oersted, a quem é atribuída a descoberta do metal, era amigo de Wöhler, e isso é verificado quando este publica o trabalho com as características do Alumínio em 1827[140]. Em correspondências trocadas, Wöhler relatou a Berzelius que Oersted lhe dissera que não pretenderia mais continuar com os experimentos com cloreto de Alumínio, incentivando-o a dar

---

[138] Davy, H. (1808) Electrochemical researches on the decomposition of the earths; with observations on the metals obtained from the alkaline earths, and on the amalgam procured from ammonia Philosophical Transactions of the Royal Society. Vol. 98 pp 333–370. Disponível em:
https://royalsocietypublishing.org/doi/pdf/10.1098/rstl.1808.0023
[139] Ørsted também é celebre por seus trabalhos sobre correntes elétricas e a produção de campos magnéticos, bem como pelos livros de poesia que publicou.
[140] Wöhler, F. (1827) Über das Aluminium. Annalen der Physik und Chemie, 2nd ser. Vol.11 pp 146–161.

continuidade de onde parou. Wöhler aceita, repete as pesquisas de onde o amigo parou, experimentando com cloreto de Alumínio, mas mudou de procedimento experimental, não porque o método de Oersted era impossível, conforme explicou em carta para Berzelius, mas com seu método, a extração do Alumínio era mais eficiente, porem sempre fez referência à Oersted e seu engenhoso método. Neste trabalho, mostrou que seu metal não tinha nenhum vestígio de álcalis e determinou algumas de suas propriedades químicas.

Devido à sua grande reatividade, o Alumínio não é encontrado na forma elementar na natureza, e sua abundância na crosta terrestre está em aproximadamente 7,45%, ocorrendo principalmente na forma de minérios combinado com substâncias oxigenadas, na forma de óxidos, em fluoretos ou silicatos de constituição complexa. Os minerais de Alumínio mais comuns são a bauxita: $Al_2O_3.nH_2O$, a criolita: Na_3AlF_3, e a alumina: Al_2O_3.

Em 1825, próximo dos exames finais, o estudante de química Carl Jacob Löwig leva ao seu professor, Leopold Gamelin, um recipiente contendo em seu interior um líquido alaranjado que exalava um odor muito desagradável e que, segundo Löwig, havia preparado a partir da água oriunda de uma nascente de fonte mineral, localizada em sua cidade natal, Bad Kreuznach, na Alemanha.

A engenhosidade empregada pelo jovem estudante para extrair o líquido, chamou a atenção do experiente professor, ou seja, evaporou a água mineral, até que restasse uma quantidade apreciável do sal para obter uma solução concentrada, tratou com Cloro e éter etílico. Esperou o éter evaporar e verificou que restava um líquido marrom.

O prof. Gamelin logo percebeu que se tratava de uma substância desconhecida, e pediu para que seu aluno preparasse mais da substância para que pudessem estudar suas características, contudo, devido aos exames e as férias, o trabalho foi retardado e a publicação dos resultados somente aconteceu em 1827[141,142].

Neste intervalo, ou seja, 1826, o químico francês Antoine Jérôme Balard está envolvido em suas investigações para produzir Iodo a partir das cinzas das algas-marinhas dos pântanos da cidade francesa de Montpellier. Destilando uma solução saturada das cinzas de algas com Cloro, obteve um líquido alaranjado com odor desagradável, cujas características lembravam o Cloro e o Iodo. Como não conseguiu caracteriza-lo, concluiu se tratar de um novo elemento, batizando-o de *muride*, do latim *muria*, relativo à salmoura, tratando de publicar suas descobertas no ano de 1826[143]. Nesta publicação muda o nome de *muride* para Bromo, devido ao odor característico, assim é tido como o descobridor do Bromo devido as provas finais e as férias de Löwig.

Muitos autores dizem que foi Gay-Lussac quem sugeriu o nome, mas o próprio Balard escreve em seu trabalho que "M. Anglada sugeriu-me chamar esta substância de

---

[141] Löwig, C. (1827) Über Brombereitung und eine auffallende Zersetzung des Aethers durch Chlor, Magazine für Pharmacie. Vol. 21, pp 31-36.

[142] Löwig, C. (1828) Über einige Bromverbindungen und über Bromdarstellung. Poggendorff's Annalen der Physik und Chemie.Vol. 14 pp 485-499.

[143] Balard, A. J. (1826). Mémoire sur une substance particulière contenue dans l'eau de la mer. An. de Chim. et de Phys. 2nd series 32 pp 337–381.

Bromo, derivando este nome do grego βρωμος *(fætor)*"[144].

Três anos depois que o Bromo foi descoberto, Berzelius faz a devida homenagem ao deus escandinavo da guerra, Thor, quando descobre o elemento Tório de amostras minerais que havia recebido do professor de geologia Jens Esmark.

Analisando estes minerais de coloração negra, Berzelius verificou que era constituído, em quase sua totalidade, de um elemento cujas características eram desconhecidas, e publica suas descobertas no mesmo ano [145,146].

Até 1885, o metal não tinha aplicação prática, até ser utilizado na confecção das mantas para lampião a gás. Mas após a descoberta dos fenômenos da radiação, o interesse por este elemento e seus isótopos radioativos ampliou-se, e hoje é um metal estratégico em aplicações energéticas e bélicas.

Embora o ano de 1830 é tido como o da descoberta do elemento Vanádio pelo químico sueco Nils Gabriel Sefström[147], o metal foi descoberto e descrito em 1801 pelo cientista e naturalista espanhol Andrés Manuel del Río, enquanto

---

[144] Balard, A. J. (1826). Memoire of a peculire substance contained in Sea Water. Annals of Philosophy. Vol. 12 pp 381- 387 – 411-426.

[145] Berzelius, J. J. (1829) Untersuchung eines neues Minerals undeiner darin erhalten zuvor unbekannten Erde. An. der Phys. und Chemie. Vol. 16 pp 385-415.

[146] Berzelius, J. J. (1829) Undersökning af ett nytt mineral (Thorit), som innehåller en förut obekant jord. Kungliga Svenska Vetenskaps Akademiens Handlingar. Trans. of the Royal Swedish Sc. Acad. pp 1–30.

[147] Sefström, N. G. (1831) Ueber das Vanadin, ein neues Metall, gefunden im Stangeneisen von Eckersholm, einer Eisenhütte, dieihr Erz von Taberg in Småland bezieht. Annalen der Physik und Chemie. Vol. 97 pp 43-47.

trabalhava no México como mineralogista.

A característica policrômica do novo metal fez com que ele desse o nome de *pancromium* para o elemento, depois mudou para *eritronium*, pois notou que após o tratamento com ácidos, formava-se sais de coloração vermelha. Em 1806 envia amostras ao grande etnógrafo, humanista, antropólogo, geólogo, geógrafo, botânico e mineralogista Friedrich Heinrich Alexander, o barão de Humboldt[148], que as encaminha ao químico francês Hippolyte-Victor Collet-Descotils para análise. Considerando tratar-se do metal Cromo, este emite um parecer errado à Humboldt, rejeitando a descoberta de del Rio, que por sua vez a acata, concluindo que havia errado.

Então, em 1830, a deusa da beleza e do amor escandinava, Vanadis, reaparece no laboratório de Sefström, um jovem químico e aluno de Berzelius, que batiza o metal de Vanádio, em homenagem a deidade viking. No mesmo ano, Wöhler constata que o metal descrito por del Rio é o mesmo que o Vanádio, e o credito da descoberta é dividido por ambos. Em 1831 Berzelius anuncia que conseguiu produzir o metal puro, fato que realmente só foi alcançado em 1869 pelo químico inglês Sir Henry Enfield Roscoe.

Em 1839, o também químico sueco Carl Gustaf Mosander descobriu o Lantânio no mesmo minério que Berzelius, seu professor, havia descoberto o Cério trinta e seis anos antes. Deste minério, a ítria (Y_2O_3), também consegue isolar os elementos Ítrio, Érbio e Térbio, homenageando a cidade sueca de

---

Yterbia[149].

O nome Lantânio foi sugerido por Berzelius e aceito por Mosander e, em carta à Wöhler, publicada no *Annalen der Physik[150]*, Berzelius diz que o nome é devido ao fato de que o elemento esteve escondido no minério cerita durante todo este tempo. Berzelius tratou de publicar imediatamente a descoberta, inicialmente no XXXXVII *Poggendorf's Annalen* do *Caroline Institute* de Estocolmo, onde ambos trabalhavam.

Mosander estava insatisfeito por não ter conseguido obter o metal puro, descrito na carta entre Berzelius e Wöhler, mas dá continuidade aos seus trabalhos e, em 1842 publica seus dados no *Annalen der Physik[151]*, e em 1843 no *Philosophical Magazine[152]*, onde descreve a descoberta das outras terras raras encontradas na cerita e na ítria, contudo, as descobertas destas novas espécies de terras estavam apenas começando.

Berzelius era um cientista muito ativo. Seu nome aparece em vários trabalhos, seja como

---

[149] O elemento Ítrio foi descoberto por Johan Gadolin em 1794, contudo o que ele achava que era um elemento, na verdade eram os três, que Mosander identificou, todavia manteve o nome que Gadolin denominou em um deles. N.A.

[150] Berzelius, J. J. (1839) Fernere Nachrichten über das neue metall. Annalen der Physik und Chemie. Vol. 47, pp 207-210.

[151] Mosander, C. G. (1843) Ueber die das Cerium begleitenden neuen Metalle Lanthanium und Didymium, so wie über die mit der Yttererde vorkommenden neuen Metalle Erbium und Terbium. Annalen der Physik und Chemie. Vol. 60, pp 297-315.

[152] Mosander, C. G. (1843) On the new metals, lanthanium and didymium, which are associated with cerium; and on erbium and terbium, new metals associated with yttria. Philosophical Magazine Series 3, Vol. 23, Issue 152, pp 241 – 254.

descobridor de um novo elemento, seja como pesquisador de novas características dos já existentes. Assim foi a história da quase descoberta do Rutênio em 1827, quando trabalhava com o químico e físico alemão Gottfried Wilhelm Osann[153].

Contudo, em 1808 há referências[154] de que o químico polonês Jędrzej Śniadecki tenha descoberto o Rutênio e batizado-o de Vestium, mas pelo que parece, sua descoberta ou não foi conhecida pelos outros cientistas ou, foi ignorada por estes.

Osann trabalhava na Universidade Imperial de Dorpat, na Rússia, estudando as técnicas de obtenção de Platina, proveniente dos montes Urais, e de seus subprodutos insolúveis. Intrigado com suas descobertas, e certo que havia descoberto três novos elementos, os quais batizou de *Pluranium* (relativo à Platina e Ural), *Polinium* (relativo à cor cinza do metal) e Rutênio (nome latinizado da Rússia), enviou amostras ao mais conhecido químico e mineralogista da época, Berzelius, para que ele as estudasse e emitisse um parecer.

Berzelius não descobriu nada novo, dizendo que o elemento denominado de Rutênio se tratava de uma mistura de impurezas de Ferro, Zircônio e Titânio. O *Polinium* era óxido de Irídio impuro, e o *Pluranium* era o mais promissor, mas a quantidade enviada era insuficiente, o que fez Berzelius pedir mais à Osann, tarefa que ele não conseguiu e parece ter desistido, fato é que não são encontrados

---

[153] Berzelius, J. J. (1827) New Metals in the Uralian Platina. The Philosophical Magazine. Vol. 2 pp 391–392.

[154] Śniadecki, J (1808) Rosprawa o nowym metallu w surowey platynie odkrytym. Czytaná na publiczném posiedzéniu Imperatorskiego Uniwersytetu Wileńskiégo dnia 28 czerwca d. s.

nenhuma publicação ou protesto de primazia de descoberta.

Mais tarde, em 1840, o químico e naturalista russo Karl Karlovich Klaus, iniciou suas pesquisas a fim de verificar os pareceres de Berzelius e de Osann quanto a existência de um novo elemento nos minérios dos Urais. Em 1844 ele chegou à conclusão que o óxido obtido por Osann era muito impuro, mas que havia a possibilidade da existência de um novo metal.

Desenvolveu um processo a partir do minério de Platina, cujo ataque com água régia formava um óxido insolúvel. Processando este óxido, conseguiu obter uma quantidade suficiente do metal para sua caracterização. Com êxito nos trabalhos, batiza o novo elemento de Rutênio, em homenagem ao trabalho de seu compatriota, e publica sua descoberta em 1845[155,156]. No mesmo ano, enviou amostras do metal à Berzelius, que emitiu um parecer confirmando a descoberta de Klaus.

No capítulo QUÍMICA ESPACIAL, tratamos rapidamente sobre o grande desenvolvimento da química e da astronomia quando Robert Wilhelm Bunsen e Gustav von Kirchhoff aprimoraram a técnica do espectroscópio, o que possibilitou a observação dos espectros emitidos de vários elementos conhecidos, e auxiliando na descoberta de outros.

---

[155] Klaus, K. K. (1845). Entdeckung eines neuen Metalls. Annalen der Physik und Chemie. Vol. 140 (1) pp 192–197.
[156] Klaus, K. K. (1845). Untersuchung des Platinrückstandes nebst vorläufiger Ankündigung eines neuen Metalls. Annalen derPhysik und Chemie. Vol. 141 (6) pp 200–221.

Em seu primeiro trabalho publicado em 1860[157], descrevem o desenvolvimento da aparelhagem e detalhes da observação dos elementos Sódio, Lítio, Potássio, Estrôncio, Cálcio e Bário.

No segundo trabalho[158], partiram de amostras de água mineral da cidade alemã de Dürkheimer e do mineral lepidolita, o qual permitiu o reconhecimento do espectro do Sódio, Potássio, Lítio, Cálcio e Estrôncio, mas também conseguiram ver duas linhas azuis muito nítidas, próximas uma da outra, cujo espectro era desconhecido.

Neste trabalho, na página 338, eles descrevem o procedimento, que aqui foi transcrito traduzido do alemão de meados do século XIX, no qual é de difícil compreensão, todavia, os interessados podem consultar o trabalho que está disponível on-line.

"(...) encontramos Potássio, Sódio e Lítio, além de outros dois metais alcalinos novos, apesar de que os sais destes elementos aparecem com uma nova precipitação, a mesma que os sais de Potássio e para isto acontecer e a quantidade obtida é tão escassa que é necessário o processamento de mais de 44 mil Kg de água e 150 kg de lepidolita para se obter uma quantidade de apenas alguns gramas, para a investigação dos materiais".

Assim, descobriram o elemento Césio na água, o primeiro elemento descoberto pela dupla empregando a nova técnica de pesquisa, seguido do Rubídio, presente no mineral lepidolita ($KLi_2Al(Al$,

---

157 Von Kirchhof, G. R.; Bunsen, R. (1860). Chemische Analyse Durch spectralbeobachtungen. Annalen der Physik und Chemie. Vol. 110 pp 161–189
158 Von Kirchhof, G. R.; Bunsen, R. (1861). Chemische AnalyseDurch spectralbeobachtungen. Annalen der Physik und Chemie Vol. 113 pp 337–381

Si)$_3$O$_{10}$(F,OH)$_2$), em 1860.

Os procedimentos e conclusões na descoberta do Césio são publicados[159], e Bunsen sugere o nome com base na palavra latina *Caesius*, que os antigos romanos utilizavam para referir-se a cor azul do céu, e para o elemento com as duas linhas vermelhas, batizou-o de *Rubidus*[160], palavra utilizada pelos antigos para referirem-se ao vermelho vivo.

O sucesso obtido na descoberta do Césio e Rubídio, com a técnica da espectroscopia, despertou a atenção de outra dupla de cientistas europeus, o inglês William Crookes e o francês Claude-August Lamy, que empregaram a nova metodologia em suas pesquisas.

Em 1861 Crookes a utilizou a fim de estudar o Telúrio, resultante dos compostos de sulfetos de selênio que se formavam nas câmaras de chumbo, presentes nas fábricas de preparação do ácido sulfúrico. Ao invés de observar as linhas amarelas características do Telúrio, surpreendeu-se com vivas linhas verdes, jamais observadas.

No ano de 1861 publica três trabalhos, dando a saber à comunidade que havia identificado um novo elemento, que ele acreditava tratar-se pertencente ao

---

159 Bunsen, R. (1861). Ueber Cäsium und Rubidium. European Journal of Organic chemistry. Vol. 119 (1) pp 107-114.
160 Bunsen, R. (1863). Ueber die Darstellung und die Eigenschaften des Rubidiums. European Journal of Organic chemistry. Vol. 125 (3) pp 257-378.

grupo do Enxofre[161,162,163].

"No ano de 1850, o Professor Hofmann colocou à minha disposição mais de 10 libras de material do depósito selenífero, da fábrica de ácido sulfúrico de Tilkerode[164], nas montanhas Hartz, com a finalidade de extrair dele o Selênio, que mais tarde seria empregado para estudar as propriedades de selenocianetos.Alguns resíduos que foram deixados na purificação do Selênio bruto, e que, a partir de suas reações, parecia conter Telúrio, foram separados e reservados à parte para exame em uma oportunidade mais conveniente. Eles permaneceram despercebidos até o início do presente ano, quando, necessitando de algum Telúrio para fins experimentais, tentei a sua extração apartir desses resíduos".

Como Crookes já havia trabalhado e examinado os espectros dos elementos em um espectrômetro, sabia o que esperava observar, então, crente que o resíduo continha Selênio e Telúrio, tratou-os quimicamente afim de purifica-los. Contudo, depois de haver tentado inúmeros métodos químicos para isolar o Telúrio sem êxito, decide empregar o método de análise espectral.

"Uma parte do resíduo foi introduzido na chama de gás azul, o que deu prova abundante da presença de Selênio, mas como as faixas alternadas de luz e escuridão, devido a este elemento, tornaram-se mais fracas, e eu esperava o aparecimento de faixas de Telúrio um pouco semelhantes, contudo mais próximas, de repente uma linha verde brilhante apareceu e desapareceu rapidamente. Uma linha isolada verde nesta porção do espectro era novo para mim. Eu estava intimamente familiarizado com a aparência da maioria dos espectros artificiais devido

---

[161] Crookes, W. (1861). On the existence of a new element, probably of the sulphur group. Chemical News, Vol. 3, pp 193- 194.
[162] Crookes, W. (1861). On the existence of a new element, probably of the sulphur group. Philosophical Magazine and Journal of Science, Vol. 21 pp 301-305.
[163] Crookes, W.(1861). Further remarks on the supposed new metalloid. Chemical News. Vol. 3, pp 303.
[164] Cidade alemã

meus muitos anos de pesquisa, e nunca antes havia encontrado uma linha semelhante a esta; e como, a partir dos processos químicos através do qual este resíduo passou, os elementos que possam possivelmente estar presentes estavam limitados a uns poucos, tornando-se de interesse descobrir qual deles ocasionou essa linha verde."

Continuando com suas determinações químicas, concluiu que se tratava de um novo elemento, mas a quantidade do material que dispunha no momento não o permitiu estudar todas as suas propriedades, fazendo com que ele escrevesse que hesitava de confirmar suas observações com mais veemência, contudo confirma o que havia visto, uma linha verde brilhante, perfeitamente nítida e bem visível, resultado da queima de uma pequena quantidade do material no queimador do espectrômetro.

Nestes artigos, Crookes apresenta um diagrama indicando no espectro a posição ocupada pela linha verde, tomando como relação as linhas espectrais do Lítio e Sódio.

Como um cientista experiente que era, deixa claro que novos ensaios estavam sendo realizados com a ajuda de seu amigo, o sr. C. Greville Williams. Registra que a ocorrência, distribuição e extração deste novo elemento, a partir do mineral que no caso foi a pirita, bem como suas propriedades completas, seriam publicadas brevemente[165,166]. Esta última referência (ref. 166), é outra que vale a pena ler, pois Crookes cita passo a passo a metodologia empregada, desde o tratamento do minério até a

[165] Crookes, W. (1862). Preliminary researches on thallium. *Proceedings of the Royal Society of London.* Vol. 12 pp 150-159.
[166] Crookes, W. (1863). On Thallium. Philosophical Transactionsof the *Royal Society of London,* Vol. 153 Parte I pp 173-192.

observação no espectrofotômetro.

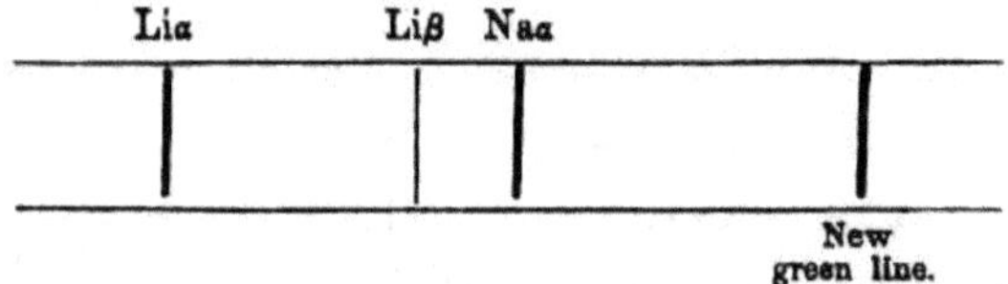

Figura 6 – Diagrama do espectro do novo elemento observado por Crookes, publicado no *Philosophical Magazine, pág.* 305 e no *Chemical News*, pág. 194.

Na mesma época, utilizando os mesmos procedimentos que Crookes, Lamy também publica suas conclusões acerca do elemento que emite o espectro verde[167].

Nesta publicação informa que, diferentemente de Crookes, consegue obter uma maior quantidade do elemento e, desta forma, isola-lo por eletrólise com uma pilha elétrica, possibilitando-o a determinar suas características.

"J'ignorais alors qu'un chimiste anglais, M. W. Crookes, avait non-seulement découvert la même raie verte dans des circonstances à peu près analogues, mais avait donné le nom de thallium à l'élément nouveau, du mot grec qalloç, ou du latin thallus, fréquemment employé pour exprimer la riche teinte d'une végétation jeune et vigoureuse. Avec une grande sagacité, M. Crookes avait indiqué quelques-unes des réactions de l'élément qu'il considérait comme un métalloïde appartenant probablement au groupe du soufre, mais la petite quantité de matière sur laquelle il avait opéré ne lui avait pas permis d'isoler cet élément etde reconnaître sa véritable nature.

De notre côté, nous avons essayé d'isoler le nouveau corps en allant le chercher dans les boues des chambres de plomb, d'où avait été extrait le sélénium qui nous avait donné au spectroscope la ligne verte caractéristique. C'est cette ligne qui nous a naturellement servi de guide dans nos recherches et qui nous a permis d'arriver à la préparation de composés

---

[167] Lamy, M.A. (1862). De l'existencè d'un nouveau métal, le thallium. *Comptes Rendus,* vol. 54, pp 1255-1262.

cristallins parfaitement définis, d'où nous avons pu retirer le thallium, la première fois avec le secours de la pile électrique".

Parece que a deusa grega Discórdia estava novamente à solta pois, como Crookes e Lamy haviam descoberto o elemento juntos e independentes, ambos disputavam a prioridade da descoberta. Crookes alegava, entre outras coisas, que publicou em primeiro lugar, mas Lamy e seus partidários argumentavam que ele isolou o metal e determinou suas propriedades, fato que Crookes não havia sido hábil de conseguir.

Os ânimos se acirraram mais quando em 1862, Lamy recebeu uma condecoração na Exposição Internacional de Londres pelo feito. Crookes protestou violentamente e os organizadores acharam por bem, e cá entre nós, merecidamente, condecora-lo também. A briga durou até junho de 1863, quando Crookes foi eleito membro da Royal Society, pondo fim à querela de primazia para o elemento Tálio.

Neste mesmo ano, um outro elemento químico mostrou sua característica no espectrómetro, frustrando Ferdinand Reich, professor de química da Universidade de Minas e Tecnologia de Freiberg, na Alemanha, e seu assistente Hieronymus Theodor Richter, que procuravam o Tálio em minérios de Zinco.

Reich era daltônico e Richter chamou sua atenção para a brilhante cor azul que se tornava visível na ocular do aparelho. Começou então a processar o minério esfalerita e obteve o sulfeto deste elemento desconhecido, passando a análise do material agora no espectrômetro. A coloração azul brilhante, diferente do Césio inclusive, então reapareceu e ele concluiu tratar-se de um novo elemento, que batizou de Índio, fazendo referência ao índigo, pigmento originário da Índia. No mesmo ano publicou sua descoberta, e em 1864 publicou um outro trabalho, relatando seu sucesso no processo de obtenção do metal isolado[168,169].

O ano de 1868 foi marcado pelo acontecimento astronômico de um eclipse total do Sol, e sua plenitude seria vista na cidade indiana de Gunter. O evento foi tão importante e estudado que, somente nos *"Proceedings of Royal Society of London* – Vol. 17[170]", foram publicados 23 artigos de estudo da cromosfera do Sol.

Para observar este raro evento e aplicar o equipamento de espectrometria no estudo da astronomia, partiu para a Índia o astrônomo francês Pierre Jules César Janssen. Uma vez instalado, posicionou seu equipamento e começou a varredura da cromosfera do Sol. No comprimento de onda de 587,46 nanômetros, notou uma linha amarela que não se adequava aos espectros do Sódio[171], designado como D_1 e D_2.

No mesmo ano, e também observando o Sol com um espectrômetro, o astrônomo Sir Norman Lockyer

---

[168] Reich, F.; Richter, T. (1863). Ueber das Indium. *Journal für Praktische Chemie* 90 (1) pp 172–176.
[169] Reich, F.; Richter, T. (1864). Ueber das Indium. *Journal für Praktische Chemie* 92 (1) pp 480–485.
[170] Proceedings of Royal Society of London (1869). De Junho de 1868 a junho de 1869 – Vol. 17.
[171] Janssen, P. (1869). *Comptes Rendus* (68) pp 93-95; 112-114; 181-183; 245; 312-314; 367-377.

e o químico Sir Edward Frankland também observam uma linha amarela, que difere daquelas características para o elemento Sódio, e concluem que se tratava de um novo elemento químico, presente no Sol, mas desconhecido até então na Terra. Batizam o elemento como Hélio, derivado do grego *Hélios*, pois foi primeiro identificado no Sol. Esta designação aparece em diversos textos consultados, por autores antigos e modernos como sendo de responsabilidade de ambos. Todavia, em consulta na referência primária, no texto dos autores, ou seja, o trabalho que publicaram em 1869[172], nada consta neste sentido. Resta uma citação, dos próprios autores, referente a um artigo enviado a *Royal Society*, mas não pudemos localiza-lo pois os autores não indicam a referência e, mesmo consultando todas as publicações pertinentes da *Royal Society*, de anos anteriores e posteriores, nada encontramos.

"On se souvient que l'un de nous, dans une communication faite récemment à la Société Royale, a déjà établi les faits suivants" (obra citada [ref. 172], pg 421).

Em 1879, Lockyer publica um artigo no *Proceedings of the Royal Society of London*[173], onde descreve o procedimento de obtenção e o estudo de vapores metálicos. Acreditava que o novo elemento era de origem metálica, dado sua proximidade com o

---

[172] Frankland, E.M.; Lockyer, J. N. (1869) Recherches sur les specters gazeux dans leurs rapports avec l'étude de la constitution physique du Soleil (Note préliminaire). *Comptes Rendus* (68) pp 420-423, 1519-1520.

[173] Lockyer, J. N. (1879) On a new method of studing Mettalic Vapours. Proceedings of the Royal Society of London. (29) pp 266 - 272

comprimento de onda do Sódio, e o identificou como D_3. O próprio nome do elemento, batizado em latim *Helium*, mostra que acreditavam tratar-se de vapor de um metal.

Muitos esforços foram dispensados entre os cientistas da época a fim de encontrar este novo elemento na Terra. Em 1882, o físico italiano Luigi Palmieri detecta o elemento pela linha espectral, observada por Janssen, na lava do Monte Vesúvio. Em 1895 o químico escocês Sir William Ramsay recebe de Henry Miers[174], diretor do Museu Britânico, uma amostra do minério clevita para que a estudasse. Miers ainda advertiu Ramsay que, quando o mineral era aquecido, um gás, que ele suspeitava ser nitrogênio era liberado.

Ramsay passou então a reagir o mineral clevita e uraninita com ácidos, coletando os gases para analisa-los em seu espectrômetro, e também teve o cuidado de enviar amostras deste gás para outros dois cientistas, Lockyer e Crookes, que confirmaram a descoberta de Ramsay e publicaram suas observações na mesma revista[175].

Nesta publicação, na página 84, Ramsay descreve o êxito em identificar o gás expelido pela clevita, através da medida espectrofotométrica feita por Sir Crookes, como idêntica a linha D_3, e começa assim uma sequência de trabalhos e estudos sobre as características deste elemento, como seu

---

174 Sir Henry Alexander Miers mineralogista inglês e Professor de Cristalografia na Universidade Víctoria de Manchester. Nasceu no Rio de Janeiro em 1858 e faleceu na Inglaterra em 1942.
175 Ramsay, W. (1895). *Proceedings of the Royal Society of London.* *Vol.*58 pp 65-67, 67-70, 81-89, 113-116, 116-119, 192-195.

comportamento frente a descargas elétricas[176], sua densidade[177], sua propriedade como gás inerte[178], sua homogeneidade em relação ao gás Argônio, outro gás descoberto por Sir Ramsay e Lord Rayleight[179], difusão gasosa em metais[180], homogeneidade em relação ao Oxigênio e Nitrogênio[181], seu posicionamento na tabela dos elementos em relação aos gases Argônio e Criptônio[182], propriedades refrativas do Hélio, ar, Oxigênio, Nitrogênio, Argônio e Hidrogênio[183], entre outros[184].

No mesmo ano de 1895, os químicos suecos Nils Langlet e Per Theodor Cleve, de forma totalmente independente e com o mesmo procedimento utilizado por Davy, determinaram o peso atômico do elemento com grande precisão[185].

Em 1869, o grande Mendeleev predisse, como

[176] Collie, J.N.; Ramsay, W. (1895 – 1896). On the Behaviour of Argon and Hélium when submitted to the Electric Discharge Proc. Roy. Soc. London Vol.59 pp 257-270.

[177] Ramsay, W. (1895 – 1896). Helium, a Gaseous Constituent of certain Minerais. Part II– Density. Proc. Roy. Soc. London (59) pp 325-330.

[178] Ramsay, W.; Collie, J.N. (1896 – 1897). Helium and Argon. Part III. Experiments which show the inactivity of these elements. Proc. Roy. Soc. London. Vol. 60 pp 53-56.

[179] Ramsay, W.; Collie, J.N. (1896 – 1897). The Homogeneity of Helium and Argon. Proc. Roy. Soc. London Vol. 60 pp 206-216.

[180] Ramsay, W.; Travers, M.W. (1897). An Attempt to cause Helium or Argon to pass-through red-hot Palladium, Platinum, or iron. Proc. Roy. Soc. London Vol. 61 pp 267.

[181] Ramsay, W.; Travers, M.W. (1897 – 1898). The Homogeneity of Helium. Proc. Roy. Soc. London. Vol. 62 pp 316-324.

[182] Crookes, W. (1898) On the position of Helium, Argon and Krypton in the scheme of elements. Proc. Roy. Soc. London, 63, 408-411.

[183] Ramsay, W.; Travers, M.W. (1897 – 1898) On the Refractivities of Air, Oxygen, Nitrogen, Argon, Hydrogen, and Helium. Proc. Roy. Soc. London. Vol. 62 pp 225-232.

[184] Ramsay, W.; Travers, M.W. (1900) Argon and its Companions. Proc. Roy. Soc. London. Vol. 67 pp 329-333.

[185] Langlet, N. A. (1895). Das Atomgewicht des Heliums. Zeitschrift für anorganische Chemie. Vol.10 (1) pp 289–292.

um profeta da ciência, a existência de elementos desconhecidos, nos quais ele indicou por pontos de interrogações em sua tabela periódica[186,187]. Um deles, em particular neste capítulo, ele chamou de eka-aluminium[188]. Predisse também algumas de suas características, como densidade, ponto de fusão e número de oxidação.

A figura 6 mostra os elementos conhecidos, dispostos pelas suas massas atômicas. Os pontos de interrogação indicam os elementos desconhecidos na época, e que ele propõe suas propriedades. O eka-aluminium teria massa atômica de 68 u.m.a (a atual é 69,72 u.m.a), ponto de fusão baixo (29,78°C), densidade de 5,9 g/cm^3 (a atual é 5,94 g/cm^3) e fórmula do óxido Ea_2O_3.

Seis anos depois, o químico francês Paul Emile Lecoq de Boisbaudran, analisando um mineral da esfalerita por espectroscopia, descobre o elemento que ele batizou de Gálio, em homenagem à Gália, antigo nome da França, através de suas duas linhas violetas no espectro[189], era o eka-aluminium de Mendeleev[190].

---

[186] Mendeleev, D. I. (1869) Ueber die Beziehungen derEigenschaften zu den Atomgewichten der Elemente. Zeitschrift für Chemie. S. pp 405–406.

[187] Mendeleev, D. I. (1889) The Periodic Law of the Chemical Elements, Journal of the Chemical Society (London). Vol. 55, pp634-656.

[188] Eka é uma palavra do sânscrito antigo, referente a "primeiro". Mendeleev queria indicar que este elemento tinha as mesmas características químicas do Alumínio e seria o primeiro elemento após este.

[189] Boisbaudran, P.-È. L. (1875) Sur quelques propriétés de gallium. Comptes Rendus. Vol 81, pp 493-495, 1100-1105

[190] Mendeleev, D.I. (1875) Remarques à propos de la découverte du gallium. Comptes Rendus Vol. 81 pp 969-972.

Ueber die Beziehungen der Eigenschaften zu den Atomgewichten der Elemente. Von D. Mendelejeff. — Ordnet man Elemente nach zunehmenden Atomgewichten in verticale Reihen so, dass die Horizontalreihen analoge Elemente enthalten, wieder nach zunehmendem Atomgewicht geordnet, so erhält man folgende Zusammenstellung, aus der sich einige allgemeinere Folgerungen ableiten lassen.

```
                                      Ti = 50     Zr =  90     ? = 180
                                      V = 51      Nb =  94     Ta = 182
                                      Cr = 52     Mo =  96     W = 186
                                      Mn = 55     Rh = 104,4   Pt = 197,4
                                      Fe = 56     Ru = 104,4   Ir = 198
                              Ni = Co = 59        Pd = 106,6   Os = 199
      H = 1                           Cu = 63,4   Ag = 108     Hg = 200
          Be = 9,4    Mg = 24         Zn = 65,2   Cd = 112
          B = 11      Al = 27,4       ? = 68      Ur = 116     Au = 197?
          C = 12      Si = 28         ? = 70      Sn = 118
          N = 14      P = 31          As = 75     Sb = 122     Bi = 210?
          O = 16      S = 32          Se = 79,4   Te = 128?
          F = 19      Cl = 35,5       Br = 80     J = 127
    Li = 7 Na = 23    K = 39          Rb = 85,4   Cs = 133     Tl = 204
                      Ca = 40         Sr = 87,6   Ba = 137     Pb = 207
                      ? = 45          Ce = 92
                      ?Er = 56        La = 94
                      ?Yt = 60        Di = 95
                      ?In = 75,6      Th = 118?
```

Figura 7 – Fac-símile da Tabela Periódica apresentada por Mendeleev, e publicada em 1869[186].

Interessante de se notar é que Mendeleev chegou a ir para a Alemanha estudar e trabalhar com Kirchhoff e Bunsen, inventores do espectroscópio, mas devido ao gênio terrível de Mendeleev[191], eles brigaram e se separaram.

Pouco tempo depois, empregando a eletrólise em uma solução de seu hidróxido, Boisbaudran obtêm o metal puro, em quantidade suficiente para estudar algumas de suas propriedades, o que lhe permitiu publicar um trabalho mais completo e extenso, onde descreve a data da instalação de seu laboratório, as dificuldades enfrentadas e o motivo

---

[191] Em algumas referências, o nome aparece como Mendeleev, em outras como Mendeleeff. N.A.

pelo qual escolheu o nome do novo elemento[192].

"Em 1863, eu construí meu laboratório atual e hoje está um pouco melhor. Eu recomecei em minhas tentativas e tive várias fases de investigação, mas sem qualquer sucesso. Obviamente, devido o material usado que eu tinha de ser muito pouco. Essas experiências não eram totalmente inúteis, pois medeu a oportunidade de completar e aperfeiçoar um pouco o método, que eu continuo a trabalhar na esperança de publicar um dia.

Finalmente eu decidi fazer uma escala maior, como eu tinha planejado originalmente em minha pesquisa, e em fevereiro de 1874, comecei a tratar 52 kg de blenda de pierrefita previsto para este efeito, no Outono de 1868.

Em 27 de agosto de 1875, três a quatro horas da tarde, vias primeiras indicações da existência do novo elemento que euchamei de "Gálio", em honra à França (Gália)".

Outro elemento predito por Mendeleev foi o ekaboro, cuja massa atômica seria 45 u.m.a., e estaria localizado entre o Cálcio e oTitânio. Como anteriormente descrito no caso do Gálio, em 1879 um novo elemento que se enquadrava nas predições do químico russo foi descoberto, o Escândio, com massa atómica atual de 44,9559 u.m.a.

Este novo metal foi descoberto pelo químico sueco Lars Fredrick Nilson, ex-aluno de Berzelius, quando contava 39 anos e já era professor associado de química na Universidade de Uppsala desde 1874.

Utilizando a técnica da espectroscopia nos compostos obtidos, após o processamento químico dos minerais euxenita e gadolinita, abundantes na Escandinávia, observou o espectro característico e

---

[192] Boisbaudran, P. É. L. (1877) About a New Metal Gallium. *Annales de Chimie.* Vol.10 pp 100-141

viu tratar-se de um novo elemento, como cita[193,194]:

"Após a última série de decomposições, o peso molecular caiu 26 unidades abaixo de 132, do peso da Itérbio, no entanto, o produto analisado continha ainda esta terra como uma impureza. Era impossível para mim realizar quaisquer decomposições mais apuradas de nitratos, de modo a se obter a nova substância, talvez, em perfeita pureza. Na verdade, eu não precisava tê-lo para demonstrar que um elemento, até então desconhecido estava misturado com o Itérbio, porque o espectro desta substância, como o do Itérbio impuro, mostrou claramente a característica de um novo elemento.

Para o elemento assim caracterizado, proponho o nome de"escândio", que lembrará sua presença nos minerais gadolinita e euxenita, encontrados até agora apenas na Península Escandinava. Sobre as suas propriedades químicas, atualmente sei apenas que: Faz um óxido branco e suas soluções não apresentambandas de absorção de luz. Quando calcinada, se dissolve lentamente em ácido nítrico, mesmo em ebulição, mas maisrapidamente em ácido clorídrico. Precipita completamente da solução de nitrato pelo ácido oxálico. (...). Com ácido sulfúrico, forma um sal que é tão estável quando aquecido como os sulfatos de gadolinita ou cerita e, como estes, pode ser completamente decomposto por aquecimento com carbonato de amônio. O peso atômico de escândio = Sc é menor que 90, calculado para a fórmula ScO. . ."

Tendo conhecimento da descoberta de seu conterrâneo, o químico Per Teodor Cleve publica no mesmo ano um trabalho com suas observações sobre o novo elemento. No trecho abaixo, retirado deste trabalho, Cleve reconhece o mérito de Mendeleev quando afirma tratar-se do ekaboro, predito por ele[195].

---

[193] Lars Fredrick Nilson (1879) Sur l'ytterbine, terre nouvelle de M. Marignac. Comptes Rendus. Vol. 88, pp. 642-647.
[194] Lars Fredrick Nilson (1880). Sur le poids et sur quelques sels caractéristiques du scandium. Comptes Rendus, Vol. 91, pp. 118-121.
[195] Cleve, P. T. (1879) Sur le scandium. Comptes Rendus. Vol.89 pp. 419–422.

"O que torna a descoberta do escândio interessante é que sua existência foi anunciada com antecedência. Em suas memórias sobre a lei de periodicidade, o Sr. Mendeleeff (1), previu a existência de um metal com peso atômico 44. Ele chama ekaBoro. As características preditas do ekaBoro correspondem inteiramente aos de escândio".

(1) Dmitrii Mendeleev. Versão em Russo: (1871) Zhurnal Russkoe Fiziko- Khimicheskoe Obshchestvo 3, 25. Versão em alemão: (1872) Die periodische Gesetzmassigkeit der chemischen Elemente, Annalen der Chemie undPharmacie Supplement 8, pp 133-229.

Dissemos anteriormente que quando Mosander, em 1839, descobriu o Lantânio no minério Ítria, as descobertas das terras raras estavam apenas começando, quando identifica o Ítrio, Érbio e o Térbio.

Em 1878, Marignac trabalhando com o minério de Mosander identificou um novo elemento, que ele chamou de Itérbio[196]. No mesmo ano, os químicos suiços Marc Delafontaine e Jacques Louis Soret, pesquisando o mesmo mineral, identificam uma banda no espectro de um elemento desconhecido, que a princípio chamam de "Elemento X", publicando suas conclusões no mesmo ano e no seguinte[197,198].

"Pesquisas recentes (1), levaram o Sr. Mangnac a concordar com o Sr. Delafontaine, sobre a presença na gadolinita, de três terras, não duas, Ítrio e Érbio, que já são relativamente bem conhecidos, enquanto a existência

---

[196] Marignac, J.C. (1878) Observation sur la découverte, annoncée par M. L. Smith, d'une nouvelle terre appartenant au groupe du cerium. Compt. Rend., Vol. 87 pp 281-283; 578-581.

[197] Soret, J.-L. (1878). Sur les spectres d'absorption ultra-violets des terres de la gadolinite. Comptes rendus de l'Académie des sciences Vol.86 pp 1062-1064.

[198] Soret, J.-L (1879). Sur le spectre des terres faisant partie du groupe de l'yttria. Comptes rendus de l'Académie des sciences. Vol. 89 pp 521-523.

da terceira, Térbio (Érbio de Mosander) foi contestada pelos srs. Bahr e Bunsen, e srs. Cleve e Hoglund. Além disso, o Sr. Marignac apoiado por algumas das observações e parecer do Sr. Detafontaine, considera muito provável a existência de uma quarta terra, próxima do Térbio, devido sua cor amarela, mas diferentes por um peso atômico menor (2). Eu designarei por X, pois o Sr. Delafontaine, que o descobriu, ainda não tem um nome.

    (1)Voir Archives des Sciences physiques et naturelles, mars 1878, p.283

    (2) Ibid., p. 273. ”

Alguns meses depois, Cleve estudando o Érbio e seu minério, identifica o mesmo elemento que Soret, e o denomina de Hólmio[199], em homenagem à cidade de Stockholm, capital da Suécia.

“O terceiro metal, caracterizado pelas bandas γ e Z, que fica entre o érbio e o térbio deve ter um peso atômico abaixo de 108. Seu óxido parece ser amarelo, pelo menos, todas as fraçõesde peso molecular inferior a 126 são mais ou menos amarelo. Proponho para este metal o nome hólmio, Ho, derivado do nome latinizado de Estocolmo, que contêm o mineral rico em ítria.

E me resta a testemunhar ao sr. Thálen minha profunda gratidão pelos esforços que fez nesta pesquisa”.

Em 1880, Soret publica um novo trabalho, com as características espectrais do Hólmio, e cita a aceitação do nome do elemento que Cleve propôs[200]:

“II. Holmium (Terra X). - Eu acho que bem demonstrei a existência do metal que quase constantemente acompanha o érbio, e que tinha provisoriamente designado por X. O Sr. Delafontaine primeiramente o considerou idêntico ao philippium, então, em pesquisas futuras e recentes (2), ele reconheceu que esses dois corpos são diferentes e que em particular o philippium não dá origem ao espectro de linhas de absorção.

---

[199] Cleve, P.T. (1879). Sur deux nouveaux éléments dans l'erbine. Comptes rendus de l'Académie des sciences. Vol. 89 pp 478-480.

[200] Soret, J.-L (1880). "Sur les spectres d'absorption des metaux faisant parties des groups de l'yttria et de la cérite. Comptes rendus de l'Académie des sciences. Vol 91 pp 378-381.

O exame do espectro do érbio também levou o Sr. Cleve a relatar um elemento para o qual ele propôs o nome de hólmio, e mais tarde admitiu a identidade com o metal X (3).

Eu poderia reivindicar o direito de escolher um novo nome para este elemento, que hoje não pode ser confundido com o philippium, e que isso estava já estabelecido após a realização do estudo espectral, mas isso, penso eu, introduziria mais confusão na já muito complexa, e concordando com o Sr. Marignac, adoto definitivamente o nome hólmio, proposto pelo hábil químico sueco.

(2) Archives   des Sciencesphysiques et naturelles, mars 1880
(3) Comptes rendus, 1ᵉʳ septembre et 27 octobre 1879."

Assim, pacificamente, o crédito da descoberta do Hólmio é atribuído aos três cientistas, contudo, Cleve não descobriu apenas o elemento Hólmio no minério de Mosander. Havia também um outro, de cor verde, que ele descobriu em 1879 e batizou de Túlio.

"Para o radical do óxido colocado entre Itérbio e Érbio, que se caracteriza pela banda X na parte vermelha do espectro, proponho o nome de Túlio, derivado de Thule, o antigo nome daEscandinávia. O peso atômico do metal Tm deve ser de aproximadamente 113 (seu óxido como RO), pelo menos, seu óxido está concentrado nas frações de peso molecular de 129".

Lembremos que para chegar ao elemento estudado, seja seu óxido ou um de seus compostos que seria utilizado no queimador do espectroscópio, a ação demandava grandes esforços da parte dos cientistas, que tinham que partir de uma grande quantidade do minério bruto, o que não é por acaso que alguns elementos são conhecidos como terras-raras. Para ilustrar o que queremos dizer, Cleve escreveu que [201]:

---

[201] Cleve, P. T. (1879). Sur l'erbine. Comptes rendus del'Académie des sciences. Vol. 89 pp 708-709.

"Eu estou, neste momento, ocupado em procurar novos elementos raros e difíceis de separar pela preparação destes materiais. Recentemente eu estou realizando experiencias com 11 kg de gadolinita, cujo tratamento já está tão avançado que nós podemos esperar que as questões sobre as terras de ítria terá em breve sua solução".

A dificuldade em se processar o Túlio e obter o metal puro era tão grande, devida sua abundância ser muito pequena, que somente em 1911 o químico inglês Charles James conseguiu processar uma quantidade suficiente do elemento puro para estudos mais detalhados.

Em sua obra, publicada em 1911[202],ele faz um histórico com detalhes interessantes da descoberta do elemento, descrevendo os vários pesquisadores que estavam envolvidos, tanto nas primeiras determinações como os já citados, bem como outros que trabalhavam em sua caracterização como Thalén, Boisbaudran, Kriiss, Nilson, Crookes, Marc, Welsbach, Bettendorff, Urbain, Hoffmann e Burger. Também descreve os melhores depósitos e os minérios que contém o Túlio, e cita a *"Brazilian monazite (yttrium earths, derived from Brazilian monazite)"* como grande fonte de terras raras.

O nome dado ao elemento, Túlio, também desperta discórdia entre os pesquisadores. Para Cleve, o nome dado baseou-se no antigo nome da Escandinávia, como citado anteriormente, mas, para alguns autores, Thule fica na Grã-Bretanha, pois baseiam-se nas afirmações do Geógrafo e historiador da antiguidade, Estrabão, onde no Livro 4 - Capítulo 5, que trata sobre os Bretões,

---

[202] James, C. (1911). Thulium. Journal of the American Chemical Society. Vol. 33 (8) pp 1332–1344.

Irlandeses e Thule, diz[203]:

"5 Quanto a Thule nossas informações históricas são ainda mais incertas, por conta de sua posição extrema; para Thule, de todos os países que são conhecidos, é definido como o mais distante ao norte. Mas as coisas que Píteas falou sobre Thule, bem como a outros locais em outras partes do mundo, foram realmente criados por ele, temos evidências claras de localidades que são conhecidos por nós, que na maioria dos casos, falsificou-os, como eu já disse antes, e, portanto, ele está obviamente em falso sobre os locais citados fora do mundo habitado. E ainda, se julgada pela ciência dos fenômenos celestes e pela teoria matemática, ele poderá, possivelmente, parece ter feito uso adequado dos fatos no que diz respeito às pessoas que vivem perto das zonas congeladas, quando diz que, dos animais domesticados e frutas, há uma carência absoluta de alguns e uma escassez de outros, e que as pessoas vivem de painço e outras ervas e de frutos e raízes, e onde há trigo e mel, as pessoas preparam suas bebidas, também, a partir deles. Quanto aos grãos, diz ele, - Como eles não possuem sol puro - eles armazenam em grandes depósitos, depois da primeira colheita das espigas; as eiras se tornam inúteis, devido à falta de sol e por causa das chuvas".

Naturalmente, não vamos entrar em discussão aqui sobre a opinião de quem, Estrabão ou Píteas, está certa, mas, pela descrição de Píteas, Thule encaixa-se mais às características da Escandinávia do que da Bretanha, ainda mais na citação *"perto das zonas congeladas"* e *"não possuem sol puro"*, mas vale a pena ler as descrições de Thule por Píteas de Massilia e tirar as próprias conclusões.

No mesmo ano de 1879, o Samário era descoberto por Lecoq de Boisbaudran no uranotantal (ou samarskita), um denso e negro

---

[203] O texto de Estrabão pode ser encontrado em:
http://penelope.uchicago.edu/Thayer/E/Roman/Texts/Strabo/2E1*.html
Acessado em fevereiro de 2022.

minério descoberto pelo mineralogista alemão Gustav Rose nos montes Urais. Desde então, vários químicos, mineralogistas e físicos estavam entretidos em desenvolver métodos de fracionamento, a fim de descobrirem seus compostos.

São várias as citações em pesquisas com samarskita encontradas nas referências consultadas, entre elas, e a que interessa neste capítulo, está a de Delafontaine, que trata do elemento que ele descobriu e o batizou como philippium em 1878[204].

"Como eu relatei anteriormente (1), as pesquisas que tenho vindo a desenvolver por mais de dois anos nas terras da samarskita me levaram a encontrar neste mineral uma quarta terra do grupo da ítria, de cor amarela como o térbio, mas com um equivalente menor. Meu trabalho com o metal da gadolinita, certa vez me levou a uma conclusão semelhante, mas a destruição do meu laboratório no incêndio de Chicago jamais permitiu que a dúvida fosse sanada.

(1) Archives des Sciences physiques et naturelles de Genéve, mars 1878, p. 273

"Além disso, aproveitando a revisão que o Sr. Soret fez do espectro de absorção do érbio, e de seu belo e recente estudo dos espectros de outros metais das terras (2), eu era capaz de confirmar a exatidão das minhas conclusões anteriores, portanto, eu anuncio como definitiva a descoberta de um óxido metálico novo, ao qual dou o nome de *philippium* (Pp) em homenagem ao meu benfeitor, o Sr. Philippe Plantamour; de Genebra, amigo e aluno de Berzelius, que traduziu os Comptes Rendus anuais. Nota de passagem, que o nome se encaixa perfeitamente com terminações regulares de química, não só em francês, mas também inglês, alemão e sueco (assim a terra se chama *philippine* (Fr.) *philipia* (Ingl.), *philiperde* (All.) *philipjord* (Suec.). Aqui estão as características distintivas (...):

Soluções concentradas de *philippium* mostram no espectroscópio, o azul índigo ($\lambda = 450$ aproximadamente), uma banda de absorção

[204] Delafontaine, M. (1878) Sur un nouveau métal, le philippium. Compt. Rend. Vol.87 pp 559-561.

magnífica, muito intensa, muito ampla, com bordas bem definidas na maior parte direita desta banda, que salta aos olhos à primeira vista, faltam características térbicas, ítreas e érbicas, é uma característica do *philippium*, portanto, a previsão é justificada pelo Sr. Soret, ele pertence a uma única nova entidade. No verde, eu encontrei duas linhas bastante finas, variando a intensidade, mais refratável e que pertence ao érbio, e uma pequena linha em azul perto da borda do verde, as faixas menos refratáveis na raia verde pertence, talvez, ao *philippium*, apesar de algumas amostras mostrar-me menos intenso do que outras, no entanto, a visão é quase tão forte. Finalmente, no vermelho, há pelo menos uma linha fina que eu não sou capaz de identificar. Ao dirigir a fenda de meu espectroscópio contra o sol, que eu observo através de um vidro azul, com soluções térbicas uma banda não muito pronunciada localizado no violeta (λ = 400-405 aproximadamente), e não é fácil observar a sua largura, pois é ametade da linda banda característica do *philipium*".

Como podemos ver, este incêndio colossal, conhecido como o Grande Incêndio de Chicago, ocorrido em 1871, afetou também a ciência e, parece que o *philippium* de Delafontaine era realmente uma mistura de Hólmio e Samário[205].

"Eu chamei de *Philippium* o óxido amarelo, diferente do Térbio, que constitui a maior parte das terras que acabo de relatar. Suas características são aquelas da terra X do sr. Soret e da última denominação do Hólmio, do sr. Cleve, e uma duplicação não pode ser mantida.

Na verdade, pode-se supor que o *philippium* é uma mistura de dois óxidos, um dos que seria a faixa do índigo (448-455) e as outras de raias 640 e 536, mas não conheço quaisquerfactos em apoio a esta conclusão".

No mesmo volume que publicou sobre o elemento *philippium*, publica um outro trabalho, relatando a descoberta de outro elemento químico, encontrado por ele na samarskita da Carolina do

---

[205] Delafontaine, M. (1880) Remarques sur les métaux nouveaux de la gadolinite et de la samarskite. Comptus Rend.Vol. 90, pp 221- 223.

Norte (USA), o qual deu o nome de decipium[206].

"Em continuidade aos meus estudos das terras da samarskita da Carolina do Norte, eu descobri um novo metal, que batizei de *decipium*, (de decepcionante, enganador). Este metal, que também tem propriedades semelhantes aos da cerita e da gadolinita, forma um óxido que é equivalente a aproximadamente 122 pela fórmula DpO (ou melhor $Dp^2O^3 = 366$); Eu não consegui separar o suficiente do *didímio*[207], afim de poder afirmar que sua cor é branca; seus sais são incolores por sí; seu acetato cristaliza muito facilmente, e parece menos solúvel que o *didímio*, mas é mais que o térbio; o sulfato decípio-potássico é insolúvel em uma solução saturada de sulfato de Potássio, mas dissolve-se totalmente na água".

Em 1979, Boisbaudran trabalhando com a samarskita para estudar o didímio, verificou que um outro metal precipitava primeiro ao ser tratado com amônia[208].

"O metal que dá origem a estes novos espectros é precipitado na forma de sulfato de Potássio, juntamente com o didímio; seu sulfato simples é ligeiramente menos solúvel do que Didimio; seu oxalato precipita antes do que Didimio; Finalmente, a amônia separa primeiro o óxido do novo corpo, em seguida, o óxido de didimio. Todas estas reações precisam ser repetidas muitas vezes a fim de se obter uma separação completa".
(...)
"Salvo uma verificação a *posteriori*, as minhas duas bandas azuis de absorção e minhas quatro bandas de emissão parecem indicar a existência de uma substância desconhecida. Espero em breve ser capaz de confirmar esta hipótese ou corrigir alguns pontos na descrição do espectro do decipium.
Entre os produtos do sr. Smith, examinados esta manhã, existe um

---

206 Delafontaine, M. (1878) Sur le décipium, métal nouveau de la samarskite. Compt. Rend. Vol. 87 pp 632-634
207 O Didímio foi descoberto por Mosander em 1841 e ele acreditava ser um elemento, mas na verdade era uma mistura de dois elementos, descobertos por Welsbach em 1885.
208 Boisbaudran, P. L. (1879). Nouvelles raies spectrales observes dans des substances extradites de la samarskite. Compt. Rend. Vol. 88 pp 322-324

que dá as novas bandas azuis de uma forma muito aparente.

Para encerrar, tomo a liberdade de relatar à aprovação superior da Academia a generosidade e abnegação com que o sr. Smith distribuiu para químicos na França como na América, os produtos raros, exaustivamente desenvolvidos, e que ainda não havia concluído sua análise".

E no volume seguinte desta revista, ele apresenta as características de sua nova terra, descoberta da samarskita, batizando-a de Samário[209].

"O receio de lidar com uma mistura da novos corpos e elementos já conhecidos ou anunciados até agora impediu-me de dar um nome ao radical, que foi, porém, já suficientemente distintas pelas duas listras azuis, porque parece ser que já não existem agora.

Porém, penso que eu deveria mencionar aqui que o conhecimento do novo metal é o resultado de pesquisa levada a efeito de forma independente por várias pessoas. Para cada uma delas será atribuído mais tarde a sua parte justa da descoberta. Com estas reservas, proponho o nome de Samário (símbolo = Sm) derivado da raiz que é usada para formar a palavra samarskita".

A térbia de Delafontaine volta novamente às bancadas de Marignac e, em 1880, ele relata seu sucesso em identificar uma nova terra rara, que deixa claro não ter observado nenhuma característica dos metais até então observado nesta fonte, e dá o nome provisório de $Y\alpha$[210].

"Eu provisoriamente designarei esta terra por $Y\alpha$, e será dado um outro nome quando pudermos obtê-lo em um estado de pureza e em quantidade suficiente para estudar seus sais. Talvez ele não tenha sido encontrado idêntico ao que o Sr. Delafontaine, numa nota recente (1) diz: "eu

---

[209] Boisbaudran, P. L. (1879) Recherches sur le samarium, radical d´une nouvelle extradite de la samarskite. Compt. Rend. Vol. 89 pp 212-214.

[210] Marignac M. C. (1880) Sur les terres de la samarskita. Comptus Rend. Vol. 90 pp 899- 903.

também examinei uma outra base da samarskita, o que parece muito mais próximo do itérbio".

No mesmo trabalho, anuncia a descoberta de outro elemento, que também pela quantidade pequena que dispunha, não pôde estudar em detalhes suas características, mas dá-lhe o nome provisório de Y_β.

Contudo, meses mais tarde, Soret publica um trabalho em que, por análise espectroscópica, verifica tratar-se do Samário[211].

"III. Terra Y (Marignac), Samário (lecoq de Boisbaudran) décipium (?) (Delafontaine). – O Samário é, sem sombra de dúvida, idêntico ao metal que o sr. Marignac designou provisoriamente de Y_β a fim de preservar os direitos do Sr. Delafontaine pela descoberta do presente corpo, com o qual é bem possível que mescle o décipium descrito pelo último químico (1).

(1) Voir le Mèmoire de M. Marignac (Archives des Sciences physiques, mai 1880)".

Em 1886, Lecoq de Boisbaudran consegue isolar uma quantidade suficiente do metal Y_α, com forma mais pura, e em carta pede ao descobridor que lhe dê um nome definitivo, o que Marignac faz[212]:

"Em uma correspondência que eu tive recentemente a honra de manter com o Sr. Marignac, tomei a liberdade de chamar a atenção do ilustre químico sobre a vantagem que haveria daqueles que se ocupam com as terras raras, em ver o Y_α, receber, enfim do autor de sua descoberta um nome definitivo. O corpo Y_α, de tão interessante, é, depois de muito tempo

---

[211] Soret, J.-L. (1880). Sur les spectres d'absorption des metaux faisant parties des groups de l'yttria et de la cérite. Comptes rendus de l'Académie des sciences. Vol. 91 pp 378-381.
[212] Boisbaudran, P. L. (1886) Le Ya de M. de Marignac est définitivement nomme gadolinium. Comptes Rendus. Vol. 102, pp 902.

já, muito bem estudado e seu espectro fornece caracteres muito definidos, o que não deixa dúvidas quanto à sua individualidade.

O sr. Marignac gentilmente me instruiu a anunciar na Academia que ele escolheu o nome de Gadolínio (símbolo Gd) para o metal Yα.

A concepção do espectro Gd_2Cl_6, que tenho a honra de colocar perante à Academia, sem dúvida, interessará os estudiosos envolvidos na química de minerais".

Quando Mosander em 1839 apresentou sua descoberta do Lantânio, estava certo de que havia um outro elemento no minério céria, fato também constatado por Scherrer em suas pesquisas com a gadolinita, o que levou Mosander a anunciar "prematuramente", segundo ele mesmo escreveu em um artigo, a descoberta do metal *didimio*, do grego gêmeo, pois tinha características muito semelhantes ao Lantânio, descrito anteriormente.

O nome dado por Mosander foi muito criticado, inclusive por seu amigo Wöher que, segundo algumas referências, dizia que a raiz do nome era muito pueril. Outros citam que o nome era devido aos quatro filhos de Mosander serem gêmeos, o fato é que o nome agradava o descobridor e, até ser constatado que o *didímio* era uma mistura de elementos, o nome perdurou.

Acontece que em 1885, com a descoberta do Praseodímio e do Neodímio pelo químico austríaco Carl Auer von Welsbach[213], através de processos de cristalização fracionada que ele próprio desenvolveu, juntamente com medidas definitivas empregando o espectroscópio, a existência do *didímio* chegou ao fim, depois de mais de quarenta anos.

Welsbach tinha muita experiência em

---

[213] von Welsbach, K. A. (1885) *Monatsch. Chem.* Vol. 6 pp 477.

fracionamento químico e análise por espectroscopia, possuindo vários trabalhos publicados nesta área. Teve também um papel de destaque no desenvolvimento da química nuclear, publicando trabalhos sobre a separação de isótopos radioativos empregando seu método.

Voltando à tabela periódica de Mendeleev, encontramos outra lacuna e sua previsão de que lá encaixava-se um novo elemento, com as mesmas características químicas do Silício e Estanho, cuja massa atômica seria, aproximadamente, 70. Para este elemento ele deu o nome de ekasilício.

Dezessete anos depois desta profecia, no inverno de janeiro de 1885, um novo minério havia sido descoberto em uma mina na região da Saxônia, chamado de argirodita, pois era rico em Prata e Enxofre. Os técnicos então passaram o mineral para o químico Clemens Wincler, onde constatou que a massa de Prata e Enxofre perfaziam apenas 93% da massa total do minério, o que despertou nele uma curiosidade e uma suspeita de que havia algo mais na argirodita.

Começou então a trabalhar no processamento químico do minério, para a extração do elemento metálico puro, fato atingido com êxito em 1886, o que lhe permitiu publicar sua descoberta e batizar o novo elemento como Germânio, em homenagem à sua terra[214].

"Depois de várias semanas, nessa laboriosa busca, agora posso dizer

---

[214] Winkler, C. (1886). Germanium, Ge, ein neues, nicht metallisches Element. *Berichte der deutschen chemischen Gesellschaft. Vol.* 19 pp 210–211.

com certeza que o argirodita possui um novo elemento, muito semelhante ao Antimônio, mas distinto deste elemento e mais nítido, e que o nome "Germânio" deve ser incluído".

Em 1887 ele publica um novo e extenso trabalho[215], com detalhes da caracterização de seu elemento, pois havia dúvidas, de outros cientistas, de que o Germânio seria na verdade o Arsênico ou o Antimônio. Wincler parte de 500 quilos de minério de argirodita e obtêm uma quantidade suficiente de metal para submete-lo à vários processos, e assim confirmar sua descoberta, deduzindo inclusive a massa atômica do elemento como sendo de 72,32, a partir de um composto de tetracloreto de Germânio sintetizado por ele, e confirmando a medida de massa feita por Boisbaudran com espectroscopia em 1886[216].

Quando Soret e Cleve, independentemente, descobriram o elemento X, nominado de Hólmio, não desconfiavam que havia um outro elemento de terra rara escondido em suas entranhas.

O Hólmio de Cleve, ao que parece, era, portanto, impuro e, em 1886, Boisbaudran conseguiu obter o elemento com um índice de pureza muito maior, e no decorrer de suas experiências, notou que outra substância, que não era esperada, precipitava na forma de óxido. Esta substância ele chamou de Disprósio, cuja raiz em grego significa algo difícil de se obter, pois como descreveu em seu trabalho, tentou trinta vezes até conseguir uma quantidade

---

[215] Winkler, C. (1887). Mittheilungen über des Germanium. Zweite Abhandlung. *J. Prak. Chemie. Vol.* 36 (1) pp 177–209.
[216] Boisbaudran, P. L. (1886). Sur le poids atomique du germanium. *Comptes rendus* Vol. 103 pp 452-453.

suficiente de óxido.

Neste mesmo ano, Boisbaudram publica dois trabalhos em sequência de página. No primeiro, ele descreve de forma muito interessante as características do Hólmio puro, que segundo ele, vai manter o nome dado por Cleve, embora o texto dá a entender que ele quer mostrar que redescobriu o elemento, com novas características inclusive de banda de absorção e, na segunda parte, ele descreve as características do Disprósio[217].

"O óxido chamado agora como hólmio, ainda não é homogêneo e contém pelo menos dois radicais. Como as bandas 640,4 e 536,3 são principalmente as usadas pelo sr. Soret e sr. Cleve para reconhecer a presença de um novo elemento na antiga erbina, me proponho a conservar o nome de hólmio ao elemento que produz estas bandas e chamar de disprósio (símbolo Dy) o metal que fornece as bandas 753 e 451,5.

Existe agora um estudo a ser feito para garantir que 640,4 e 536,3 são devidos à mesma terra, assim como para 753 e 451,5.

Quanto as outras bandas, contidos na tabela acima, deve ser feito uma melhor classificação e ver se podem ser todas distribuídas entre os espectros do Ho e Dy.

No fracionamento com sulfato de Potássio e álcool, o primeiro precipitado contem especialmente o térbio, seguido do disprósio, hólmio e finalmente o érbio".

Novamente saindo da França e indo para a Inglaterra, a partir do ano de 1894 vemos uma série de trabalhos publicados sobre a obtenção dos elementos chamados gases nobres. Anteriormente, descrevemos a atuação de Sir Ramsay na descoberta do Hélio, no ano de 1895, mas ele e sua equipe também foram responsáveis pela descoberta do

---

[217] Boisbaudran, P. L. (1886) L'holmine (ou terre X de M. Soret) contient au moins deux radicaux métalliques. Compt. Rend. Vol. 102 pp 1003-1006.

Argônio, Neônio, Criptônio e Xenônio.

Em janeiro de 1895, Lord Rayleigh e Sir Ramsay publicam um trabalho que anunciaram o *"Argônio, um novo constituinte da atmosfera"*[218,219], e devido suas observações, tinham razões para suspeitar que haviam outros elementos químicos que constituíam o ar atmosférico.

Este é um trabalho muito agradável de se ler, pois ele descreve em detalhes minuciosos, inclusive com desenhos de mão livre, os equipamentos construídos por eles próprios para separar o gás por eletrólise, através de descargas elétricas, e as técnicas de destilação utilizadas.

Na mesma revista, na sequência de página inclusive, Sir Crookes publica também suas observações, caracterizando o elemento por espectroscopia, graças, segundo ele, a *"gentileza de Lord Rayleigh e Prof. Sir Ramsay[220]"*.

Outros trabalhos de estudo das características para o Argônio foram realizados, a exemplo do método que Ramsay empregou na caracterização do Hélio. Assim, vemos o estudo da liquefação e solidificação do Argônio, pelo químico polonês Olszcwski[221]; sobre o espectro do Argônio no ar atmosférico, pelo químico Irlandês Hartley[222]; sobre

[218] Lord Rayleigh; Ramsay, W. (1894-1895) Argon: A New Constituent of the Atmosphere. Philosophical Transactions of theRoyal Society of London, 186 A pp 187-243.

[219] Lord Rayleigh; Ramsay, W. (1894 – 1895) A New Constituent of the Atmosphere. Proc. Roy. Soc. London. Vol. 57pp 187-241.

[220] Crookes, W. (1895). On the Spectra of Argon. *Philosophical Transactions of the Royal Society of London A*, 186A pp 243- 252.

[221] Olszewski, K. (1894 – 1895). The Liquefaction and solidification of the Argon. *Proc. Roy. Soc. London. Vol.* 57 pp 290-392.

[222] Hartley, W.N. (1894–1895). On the Spark Spectrum of Argon at it appears in the Spark Spectrum of Air. Proc. Roy. Soc. Lon., *Vol.* 57 pp 293-296.

a comparação da pressão de vapor do Argônio com outras substâncias, por Ramsay e Young[223]; sobre seu comportamento quando submetido à descargas elétricas[224]; sobre o estudo de sua característica como gás inerte[225]; sobre a homogeneidade dos gases Argônio e Hélio, com a definição de sua massa atômica e estudo da difusão gasosa, por Ramsay, Travers e Collie[226,227]; estudos sobre o índice de refração do ar e seus componentes, por Ramsay e Travers[228]; sobre sua posição na tabela dos elementos, por Crookes[229]; sobre a densidade do gás, em relação a densidade do Nitrogénio atmosférico e puro[230]; sobre a preparação e estudos das propriedades do Argônio puro, por Ransay e

---

[223] Ramsay, W.; Young, S. (1895). Note a comparison of the Vapour-Pressures of Argon with those of other substances. Phil. Trans. Roy. Soc., *Vol.*186A pp 257.

[224] Collie, J.N.; Ramsay, W. (1895 – 1896) On the behavior ofthe Argon and Helium when submitted to the electric discharge. Proc. Roy. Soc. London, *Vol.* 59 pp 257-270.

[225] Ramsay, W.; Collie, J.N. (1896 – 1897) Helium and Argon. Part III. Experiments which show the inactivity of these Elements. Proc. Roy. Soc. London, *Vol.* 60 pp 53-56.

[226] Ramsay, W.; Collie, J.N. (1896 – 1897). The Homogeneity of Helium and of Argon. Proc. Roy. Soc. London, *Vol.* 60 pp 206- 216.

[227] Ramsay, W.; Travers, M.W. (1897) An attempt to cause Helium or Argon to pass-through Red-Hot Palladium, Platinum, or Iron. Proc. Roy. Soc. London, *Vol.* 61 pp 267.

[228] Ramsay, W.; Travers, M.W. (1897 – 1898). On the Refractivities of Air, Oxygen, Nitrogen, Argon, Hydrogen, and Hélium. Proc. Roy. Soc. London, *Vol.* 62 pp 225-232.

[229] Crookes, W. (1898) On the Position of Helium, Argon and Krypton in the Scheme of elements. Proc. Roy. Soc. London, *Vol.* 63 pp 408-411. Disponível em:
https://royalsocietypublishing.org/doi/pdf/10.1098/rspl.1898.0052
[230] Ramsay, W. (1898-1899) Note on the Densities of Atmosferic Nitrogen, Pure Nitrogen and Argon. Proc. Roy. Soc. London, *Vol.*64 pp 181-183.

Travers[231].

Figura 8 – Tabela de Crookes com os elementos conhecidos e os ainda à descobrir. Ref. 229, Pag. 409.

Em sequência, entre os anos de 1898 a 1900 o Criptônio, Neônio e Xenônio vem à luz da ciência da humanidade pelas mãos abnegadas de Sir Ramsay e Travers. Em 30 de maio de 1898 surge o Criptônio[232]:

"Do que foi precedido, pode-se concluir que a atmosfera contém um gás até então desconhecido com um espectro característico, mais pesado do que o Argônio, e menos volátil do que o Nitrogênio, Oxigênio e Argônio, a razão do seu calor específico leva a inferir que é monoatômico e, portanto, um elemento. Se essa conclusão acaba por ser bem

---

231 Ramsay, W.; Travers, M.W. (1898-1899) The Preparation and some of the properties of Pure Argon. Proc. Roy. Soc. London, *Vol.* 64 pp 183-192.

232 Ramsay, W.; Travers, M.W. (1898) On a New Constituent of the Atmospheric air. Proc. Roy. Soc. London, *Vol.* 63 pp 405- 408.

fundamentada, nós propomos chamar-lhe "Kripton", ou "escondido". Seu símbolo seria então Kr".

Depois de duas semanas da descoberta do Criptônio, que não era o objetivo primaz de Ramsay, pois ele queria encontrar primeiro o elemento inerte intermediário entre o Hélio e o Argônio, eles voltam ao seu reservatório de 18 litros de Argônio, obtido a duras penas. Quando analisam o produto obtido por destilação fracionada e submetido a alto vácuo, observam um espectro muito complexo composto por linhas vermelhas brilhantes, tênues linhas verdes e linhas azuis. Era o tão procurado Neônio[233], que dando sequência aos estudos, precisavam verificar se se tratava de um elemento monoatômico ou molécula, desta forma, aplicaram o mesmo método utilizado para caracterizar o Argônio:

"Pensando que o gás poderia eventualmente vir a ser diatômico, passamos a determinar a relação de calores específicos:Comprimento de onda do som no ar 34,18
Comprimento de onda do som no gás............................ 31,68
Razão para o ar:.. 1,048
Razão para o gás.. 1,660
O gás é, portanto monoatómico."

Finalmente, em 12 de julho de 1898, as características do Xenônio, obtido do resíduo de vários processos de destilação do Criptônio, foram publicadas[234] e, em 1900, Ramsay publica um

---

[233] Ramsay, W.; Travers, M.W. (1898) On the Companions of Argon. *Proc. Roy. Soc. London. Vol.* 63 pp 437-440.
[234] Ramsay, W.; Travers, M. W. (1898). On the extraction from air of the companions of argon, and neon. Chemical news and journal of industrial science. Vol. 78 pp. 154.

trabalho mais completo[235], apresentando as características dos gases nobres descobertos por ele e sua equipe, em menos de três meses.

Os últimos anos do século XIX foram muito produtivos no desvendamento do microcosmo da matéria. Parece que os elementos e as ondas tinham pressa de se fazerem conhecer, e assim foi com o raio-X, os raios Becquerel, e as radiações oriundas do Urânio, Tório, Polônio e Rádio, que iriam revolucionar a sociedade dos séculos vindouros.

Infelizmente, não vamos fazer aqui uma descrição detalhada desta época fascinante, pois o espaço que seria possível destinar nesta presente obra, a fim de descrever esta epopeia, creio, seja um insulto, além do fato de incorrer em pecado pela brevidade, contudo as referências históricas destas descobertas estão citadas, o que ajudará o leitor interessado para sua maior elucidação.

Nas referências consultadas, especialmente a partir dos anos de 1896, já se observa os estudos dos ícones das ciências sobre as radiações eletromagnéticas, como os raios Röntgen, ou raio-X, no qual o próprio nome dado para este fenômeno, refletia a incógnita de sua natureza, cujos primeiros ensaios começaram com Crookes e seus raios catódicos.

Certa vez, enquanto eu lecionava sobre a descoberta da radioatividade, perguntei se eles, meus alunos, já haviam ouvido falar sobre Becquerel e a estória da chapa fotográfica. Um rapaz levantou

---

[235] Ramsay, W.; Travers, M.W. (1900) Argon and its companions. *Proc. Roy. Soc. London. Vol.* 67 pp 329-333.

a mão e disse que sim. Eu fiquei contente, e perguntei o que ele sabia. Bem, resumindo, ele disse que Becquerel havia descoberto a radioatividade porque ele guardou, na gaveta onde havia a pechblenda, um sanduíche de queijo, e quando foi comer, o queijo estava derretido.

Pode ser até que meu aluno esteja certo em um universo paralelo, mas a descoberta da radioatividade não foi um ato do acaso, e vários cientistas estavam dedicados em seus estudos para saber a natureza da radiação de Röntgen, pois hoje podemos imaginar a dificuldade destes heróis que, na época, tinham os fatos e não tinham ainda a tecnologia para analisa-los.

Muitas teorias foram propostas, mas a de Poincaré[236], que diz: *"(...) É, portanto, o vidro que emite os raios Röntgen, e ele os emite tornando-se Fluorescente. Podemos nos perguntar se todos os corpos cuja Fluorescência seja suficientemente intensa não emitiriam, além de raios luminosos, os raios X de Röntgen, qualquer que seja a causa de sua Fluorescência"*, foi a que mais causou impacto na comunidade científica da época, e Becquerel é um dos que se empolgam com a nova descoberta, começando seus estudos com o objetivo de verificar se a teoria de Poincaré tem fundamento.

Röntgen publica um artigo na mesma revista[237], em sequência de página do artigo de Poincaré, e refuta esta teoria, dizendo que:

"É fácil mostrar que a causa da Fluorescência está no tubo de vácuo.

---

[236] Poincaré, H. (1896) Les rayons cathodiques et les rayons Röntgen. *Revue générale des sciences pures et appliquées,* 7, 52-59.
[237] Röntgen, W. C. (1896) Une Nouvelle Espèce de Rayons. Revue Générale des Sciences. Vol. 7 pp 59-63

Isso mostra que há um agente capaz de penetrar em uma folha de cartolina preta, absolutamente opaco à luz ultravioleta, pela luz do arco[238] ou pela do sol. É interessante investigar se outros corpos permitem-se penetrar pelo mesmo agente. É fácil mostrar que todos os corpos têm a mesma propriedade, mas em graus muito diferentes. Por exemplo, papel é muito transparente; a tela Fluorescente brilha quando colocada atrás de um livro de mil páginas; a tinta de impressão não oferece resistência substancial. Da mesma forma, a Fluorescência ocorre por trás de duas séries decavidades, um único cartão não diminui o brilho da luz visível".

Nesta revista, no artigo de Poincaré, está publicada a famosa radiografia de Röntgen, do esqueleto da mão com anel, e outras, que ilustram as possíveis aplicações, segundo ele "*desses fenômenos maravilhosos e misteriosos*".

Mas a teoria de Poincaré começa ser testada e é erroneamente confirmada, quando Henry demonstra que a utilização do sulfeto de zinco propicia um aumento do efeito radiográfico, quando uma placa coberta com a substância forma uma imagem mais nítida do que outra sem ocomposto[239].

Uma outra publicação, do polonês Niewenglowski, aumenta mais ainda a consideração sobre a teoria de Poincaré, pois seguindo os passos de Henry ele reproduz a experiência, todavia com outro sulfeto, o de cálcio, também fosforescente[240].

"Tendo envolvido uma folha de papel sensível ordinária (papel

---

[238] Esta referência que Röntgen faz é devida as suspeitas de que a luz produzida pelo arco voltáico produzia os raios-X. N.A.

[239] Henry, C. (1896) Augmentation du rendement photographique des rayons Roentgen par le sulfure de zinc phosphorescent. Comptes Rendus. Vol. 122 pp 312-314.

[240] Niewenglowski, G. H. (1896) Sur la proprieté qu'ont lesradiations émises par les corps phosphorescents, de traverser certains corps opaques à la lumière solaire, et sur les expériences de M. G. Le Bon, sur la lumière noire. Comptes Rendus. Vol. 122 pp 385-386.

fotográfico) com diversas camadas de papel agulha negro ou vermelho, coloquei acima dela duas moedas e recobri uma das metades (da folha) com uma placa de vidro com pó fosforescente (sulfeto de cálcio). Depois de quatro ou cinco horas de exposição ao Sol, a metade do papel sensível que havia recebido diretamente as radiações solares, havia permanecido intacto e não apresentava nenhum sinal da moeda colocada acima dela, indicando assim que o papel negro ou vermelho não havia sido atravessado pela luz. A metade que só recebia os raios solares através da placa fosforescente estava completamente enegrecida, exceto pela porção correspondente a uma das moedas, da qual foi produzida uma silhueta branca sobre (um fundo) negro. Colocando apenas uma camada de papel vermelho fino, permitindo a passagem dos raios solares, constatei que a porção do papel sensível que só recebia as radiações solares após sua passagem pela camada fosforescente enegrecia muito mais rapidamente do que a outra".

Desta experiência nasceu a ideia de que os materiais expostos ao sol absorviam sua energia e, que aos poucos eram perdidas. Desta experiência nasceu a ideia de Henri Becquerel sobre o procedimento relatado pelo meu aluno, mas sem o sanduíche de queijo.

Desde seu pai, que estudava fosforescência de alguns sais, inclusive minérios de Urânio, que Becquerel já fazia seus primeiros estudos sobre o assunto e, em seu artigo publicado em 1896[241] mostra que já trabalhava com sais de Urânio e acompanhava os experimentos de Niewenglowski e Henry.

"Em uma reunião anterior, o Sr. Ch. Henry anunciou que o sulfeto de Zinco fosforescente que se interpõe no caminho dos raios emanados de um tubo de Crookes aumentou a intensidade da radiação que passa através do alumínio. Por outro lado, o Sr.Niewenglowski reconheceu que sulfeto de cálcio fosforescente comercial emite radiações que atravessam corpos opacos. Esse fato se estende a várias substâncias fosforescentes e, em

---

[241] Becquerel, H. (1896) Sur les radiations émises par phosphorescence. Comptes Rendus. Vol. 122 pp 420-421.

particular, aos sais de Urânio, cuja fosforescência tem uma duração muito curta.

Com o sulfato duplo de Urânio e Potássio, de que possuo alguns cristais que formam uma crosta fina e transparente, eu realizei a seguinte experiência:

Foi embrulhado uma chapa fotográfica de Lumière, com brometo gelatinoso, com duas folhas de papel preto muito espessa, de forma que a chapa não vele em caso de exposição ao sol durante o dia. Colocamos sobre a folha de papel, externamente, uma placa da substância fosforescente, e expomos o conjunto ao Sol durante várias horas. Quando se revela então a chapa fotográfica, reconhece-se a silhueta da substância fosforescente que aparece preto sobre a radiografia. Se existir interposta entre a substância fosforescente e o papel uma moeda ou uma tela de metal perfurado com um desenho, você verá a imagem desses objetos aparecem na chapa. Podemos repetir as mesmas experiências interpondo entre a substância fosforescente e o papel, uma lâminade vidro fino, que exclui a possibilidade de ação química, devido aos vapores que poderiam emanar da substância aquecida pelo sol. Devemos, portanto, concluir a partir destas experiências que a substância fosforescente em questão emite radiações que atravessam o papel opaco à luz e reduzem os sais de Prata".

Notemos a conclusão de Becquerel. Em suas palavras, *"emite radiações que atravessam o papel"*, não há dúvidas que ele estava trilhando o caminho correto, e digo mais, a despeito de alguns historiadores dizerem que Becquerel não descobriu a radioatividade, somente este artigo afirma o contrário pois, como vimos nas descobertas de alguns elementos químicos, o descobridor tateava a substância, mas, por falta de recursos para a conclusão, não concluía, doravante o crédito era atribuído a ele ou dividido, por mérito.

Neste mesmo volume, Becquerel apresenta um segundo artigo[242] que muitos historiadores tomam como o anúncio do cientista sobre a descoberta da

---

[242] Becquerel, H. (1896) Sur les radiations invisibles émises par les corps phosphorescents. Comptes Rendus. Vol. 122 pp 501- 503.

radioatividade.

Neste artigo, relata que repetiu a experiência anterior com sulfato duplo de uranila e potássio, e nota que as radiações emitidas por esse material possuem menor poder de penetração do que os raios-X comuns, e o principal, que a emissão da radiação observada acontece seja o sal iluminado diretamente ao Sol, ou por luz indireta. É uma anotação interessante e que deve ter despertado a curiosidade de Becquerel, e a ideia do sanduíche de queijo, pois mesmo no escuro, o material estudado sensibiliza chapas fotográficas e principalmente, é neste artigo que ele dá o nome ao fenômeno da radioatividade, quando diz: "*da fonte de **radiação ativa**"*.

Transcrevo abaixo uma parte deste artigo, contudo, sugiro que os interessados leiam na íntegra, pois é muito interessante e, aqueles que desejarem, sugiro ler o artigo on-line na página da biblioteca francesa "Gallica[243]".

"Vou me concentrar principalmente sobre o seguinte fato, que eu acho que é muito importante e para além dos fenômenosque se poderia esperar para ver: As mesmas lamelas[244] cristalinas, colocadas junto as chapas fotográficas, nas mesmas condições e através das mesmas telas, mas abrigado da excitação da radiação incidente e mantidas no escuro, ainda produzem as mesmas impressões fotográficas.

Aqui está como eu fui levado a essa observação: Entre os experimentos anteriores, alguns tinham sido preparadas na quarta-feira 26 e quinta-feira, 27 de fevereiro e, como naqueles dias, o sol se mostrou de uma forma intermitente, mantive as experiencias todas preparadas e dentro dos envelopes na obscuridade e dentro da gaveta de um armário, deixando no local as lamelas do sal de Urânio. O sol não tinha se mostrado novamente nos dias seguintes, e eu revelei as chapas fotográfica em 1º de março,

---

243 http://gallica.bnf.fr/ark:/12148/cb343481087/date
244 Lamelas são finas lâminas de vidro ou de metal. N.A.

esperando encontrar imagens muito fracas.

As silhuetas apareceram, porém, com grande intensidade. Pensei imediatamente que a ação tinha que continuar no escuro e eu preparei a seguinte experiência:

No fundo de uma caixa de papelão opaco, coloquei uma chapa fotográfica, então, no lado sensível, coloquei uma lamela do sal de Urânio, lamela convexa que tocou a gelatina de brometo apenas em alguns pontos; e, em seguida, eu arranjei na mesma chapa uma outra lamela do mesmo sal, separada da superfície da gelatina de brometo por uma fina lâmina de vidro; sendo esta operação realizada na câmara escura, a caixa foi fechado, trancado em uma outra caixa de papelão, em seguida, colocada em uma gaveta.

Repeti da mesma maneira o envelope fechado por uma placa de alumínio, em que eu coloquei uma chapa fotográfica, e no exterior uma lamela de sal de Urânio. O conjunto foi fechado dentro de um cartão de papelão opaco, em seguida, colocado em uma gaveta. Após cinco horas, eu revelei as placas e as silhuetas das lamelas cristalinas apareceram em preto como nas experiências anteriores, e como se tivessem sido feitas pela luz fosforescente. Para a lamela colocada diretamente sobre a gelatina, quase não houve diferença de ação entre os pontos de contacto e as partes da lamela que desviava em cerca de um milímetro da gelatina; a diferença pode ser atribuída às diferentes distâncias da fonte de radiação ativa. A ação da lamela colocada sobre uma lâmina de vidro foi um pouco enfraquecida, mas a forma da lâmina foi muito bem reproduzida. Por fim, através da folha de Alumínio, a ação foi consideravelmente mais fraca, mas ainda muito forte.

É importante observar que esse fenômeno não parece ser atribuído à radiação luminosa emitida por fosforescência, já que, depois de 1/100 do segundo, estas radiações tornam-se tão baixas que quase não são perceptíveis.

Uma hipótese que se apresenta muito naturalmente ao espírito seria admitir que estas radiações, cujos efeitos possuem uma estreita analogia com os efeitos produzidos pelas radiações estudadas pelos srs. Lenard e Röntgen, seriam radiações invisíveis emitidas por fosforescência, cuja duração de persistência seria infinitamente muito maior do que a duração persistente das radiações luminosas emitidas por esses corpos.

Contudo, as experiências presentes, sem serem contrárias a essa hipótese, não permitem formula-la. As experiências que busco neste momento pode, esperamos, lançar alguma luz sobre esta nova ordem de fenômenos".

Em um terceiro artigo publicado no mesmo

volume[245], Becquerel relata vários detalhes, como a característica de que a radiação emitida pelo sal de Urânio empregado é capaz de descarregar um eletroscópio:

"Eu observei recentemente que a radiação invisível emitida nessas condições tem a propriedade de descarregar os corpos eletrizados sob sua influência.

As experiências se fazem muito simplesmente substituindo uma lamela de sulfato duplo de Urânio e Potássio no tubo de Crookes, utilizado no experimento dos srs. Benoist e Hurmuzescu",

As propriedades de reflexão e refração da radiação:

"Uma lamela de sulfato duplo de Urânio e Potássio foi depositado sobre a gelatina de uma placa de Lumière, e tinha coberto a metade desta lamela por um espelho de aço cuja face polida estava voltado para a lamela e a chapa fotográfica.

A chapa revelada após cinquenta e cinco horas deu uma imagem muito forte, e a parte não coberta, as bordas da lamela eram bastante nítidas, enquanto que as bordas da parte recoberta deu uma silhueta muito mais difusa, como se uma segunda lamela, a imagem da parte coberta, mais longe da gelatina, tivesse sobreposto sua ação à primeira".

E a reprodutibilidade do fenômeno, produzida por diversos sais de Urânio, bem como o tempo de duração da emissão na escuridão.

No quarto artigo[246], Becquerel observa que alguns compostos de Urânio que não são luminescentes, também produzem os efeitos antes

---

[245] Becquerel, H. (1896) Sur quelques proprietés nouvelles des radiations invisibles émises par divers corps phosphorescents. *Comptes Rendus. Vol.* 122 pp 559-564.
[246] Becquerel, H. (1896) Sur les radiations invisibles émises par les sels d'uranium. Comptes Rendus. Vol. 122 pp 689-694.

descritos. No quinto artigo[247], descreve a realização de experiências em que observa efeitos de refração, polarização e dicroísmo da radiação proveniente do sal de Urânio, através de finas lâminas de turmalina.

No sexto artigo[248], Becquerel repete suas experiências com uma amostra de Urânio metálico, que o químico francês Moissan[249] lhe havia fornecido, e verifica que também emite a radiação observada anteriormente, concluindo o artigo escreve:

"Embora continuando a estudar esses fenômenos novos, eu acho que é interessante observar a emissão produzida pelo Urânio, que, creio, é o primeiro exemplo de um metal que apresenta o fenômeno da ordem de uma fosforescência invisível".

Depois deste artigo, Becquerel publica um outro sobre os *"raios urânicos"*[250], fazendo uma revisão de suas observações, confirmando o efeito de refração e reflexão das *"radiações urânicas"*, como ele passa a chamar o fenômeno. Neste artigo, no capítulo que ele trata sobre a *"Dissipação das cargas de corpos eletrizados"*, Becquerel menciona o nome e o trabalho de J.J. Thomsom, que alguns anos depois, com as descobertas disparadas por Becquerel e toda uma plêiade de notáveis e

---

[247] Becquerel, H. (1896) Sur les propriétés différentes des radiations invisibles émises par les sels d'uranium, et du rayonnement de la paroi anticathodique d'un tube de Crookes. Comptes Rendus. Vol.122 pp 762-767.
[248] Becquerel, H. (1896) Émission de radiations nouvelles par l'uranium métallique. Comptes Rendus. Vol. 122 pp 1086-1088.
[249] Moissan, H. (1896) Préparation et proprété de l'uranium. Comptes Rendus. Vol. 122, pp 1088-1093.
[250] Becquerel, H. (1896) Sur diverses propriétés desrayons uraniques. Comptes Rendus. Vol. 123, pp 855-858.

abnegados, iriam revolucionar e marcar uma era na atomística. Mas isso é uma outra história e, voltemos a linha do tempo.

Em 1897 Becquerel publica mais dois trabalhos[251,252] sobre suas radiações, que passam a ser conhecidas como "raios de Becquerel", e muda de linha de pesquisa, não publicando nada mais sobre o estranho fenômeno.

Contudo, no ano seguinte é publicado um artigo científico que, além de ser da autoria de uma mulher, era uma mulher estrangeira, uma polonesa pobre que estudava de manhã e trabalhava de noite, a fim de formar-se em física e matemática na Universidade de Sorbonne, na França, para trabalhar como professora em seu país natal. Esta mulher era Marie Slodowska-Curie[253].

Sua atenção havia sido despertada pelas pesquisas de Becquerel sobre os raios do Urânio. Ela viu neste fenômeno uma possibilidade de desenvolver sua tese de doutoramento. Nesta época, Marie já havia casado com Pierre Curie, que também era físico e professor em Sourbone.

A linha de pesquisa de Pierre era sobre a Piezoeletricidade, ou seja, a propriedade de cristais gerarem corrente elétrica quando submetido à tensões.

Com este conhecimento tecnológico, Pierre desenvolveu o eletrômetro, um equipamento para

---

[251] Becquerel, H. (1896) Recherches sur les rayons uraniques. Comptes Rendus. Vol. 124, pp 438-444.

[252] Becquerel, H. (1896) Sur la loi de la décharge dans l'air de l'uranium électrise. Comptes Rendus. Vol. 124, pp 800-803.

[253] Curie, M.S. (1898) Rayons émis par les composés de l'uranium et du thorium. Comptes Rendus. Vol. 126, pp 1101- 1103.

detectar esta nova radiação, mais eficiente do que as chapas fotográficas, que poderiam mascarar os resultados devido sua sensibilidade à vários fatores externos como luz, calor, etc.

"A corrente através do capacitor foi medida em valor absoluto por um eletrômetro e um quartzo piezelétricos. Eu examinei um grande número de metais, sais, óxidos e saisminerais (2). A tabela abaixo mostra, para cada substância, a intensidade da corrente i, em ampères (ordem de grandeza, 10^{11}). As substâncias que estudei e que não constam na tabela são pelo menos 100 vezes menos ativas que o Urânio".

E conclui que:

"Todos os compostos de Urânio, estudados são ativos e são, em geral, especialmente porque eles contêm mais Urânio. Os compostos de Tório são muito ativos. O óxido de Tório excedeem atividade até mesmo ao Urânio metálico. Vale ressaltar que os dois elementos mais ativos, Urânio e Tório, são aqueles com maior peso atómico. O Cério, Nióbio e Tântalo parecem ser um pouco ativos. O Fósforo branco é muito ativo, mas sua ação é, provavelmente, de natureza diferente daquela do Urânio e Tório.

Na verdade, o Fósforo não é ativo no estado de Fósforo vermelho ou no estado de fosfatos. Os minerais que estiveram ativos contêm elementos ativos. Dois minerais de Urânio: a pechblenda (óxido de Urânio) e a calcosita (fosfato de Cobre e uranila) são muito mais ativos que o Urânio em si. Este fato é muito marcante e sugere que estes minerais podem conter um elemento muito mais ativo que o Urânio".

O fato experimental, constatado por Marie e Pierre, de que os minerais apresentavam radiações mais intensas que o metal, inspirou neles a ideia que poderia ainda haver outros elementos dentro do mineral, até então desconhecidos, e que eram os responsáveis por esta radiação.

No mesmo ano de 1898, o casal publica um novo artigo que descreve o processamento do mineral pechblenda[254], em uma verdadeira aula de química analítica, e chega a um composto que se assemelhava ao Bismuto, mas não conseguiam separa-lo pelos procedimentos usualmente utilizados, o que lhes deu mais certeza de que se tratava de um elemento desconhecido, e com uma atividade incrível, propondo um nome para ele:

"A substância ativa que se encontra na solução com o Bismuto e Cobre é completamente precipitada por amônia, que a separa do Cobre. Finalmente, o corpo ativo permanece com Bismuto.

(...)

Na realização destas diversas operações, os produtos são obtidos mais e mais ativos. Finalmente obtivemos uma substância cuja atividade é aproximadamente 400 vezes maior que a do Urânio.

(...)

Portanto, acreditamos que a substância que retiramos da pechblenda contém um metal ainda não conhecido, vizinho do Bismuto devido suas propriedades analíticas. Se a existência desse novo metal for confirmada, propomos chamar-se polônio, em homenagem ao país de origem de um de nós".

Embora esta notícia não tenha sido bem recebida por todos os estudiosos da época, devido à dificuldade de observação de suas raias espectrais, naturalmente pela quantidade insuficiente de Polônio contaminado pelo Bismuto, o casal apresenta outro artigo, no mesmo volume do artigo anterior[255], propondo a descoberta de um novo elemento, também extraído da pechblenda, semelhante quimicamente ao Bário, 900 vezes mais

---

254 Curie, P., Curie, M.S. (1898) Sur une substance nouvelle Rádio-active, contenue dans la pechblende. *Comptes Rendus. Vol.* 127 pp 175-178.
255 Curie, P., Curie, M.S. (1898) Bémont, G. Sur une nouvelle substance fortement Rádioactive, contenue dans la pechblende. Comptes Rendus. Vol. 127 pp 1215-1217.

ativo que o Urânio.

"As diversas razões que enumeramos, nos sugerem que a nova substância radioativa contém um elemento novo, que nós propomos chamar-se Rádio".

E com suas características de espectro obtidas por Eugéne Demarçay, é publicado um novo trabalho, de forma que não houvessem dúvidas[256].

"Conclusão. – A presença da raia 3814,8 confirma a existência, em pequena quantidade, de um novo elemento no cloreto de Bário do sr. e sra. Curie".

Em 1999 Marie Curie publica um artigo de revisão[257], comparando os raios de Becquerel e os raios de Röntgen com as emissões do Polônio, com conclusões interessantes de se notar, pelo fato de que devemos nos lembrar que nesta época, absolutamente nada se sabia sobre a radiação.

"A radiação é uma emissão de matéria, acompanhada de uma perda de massa da substância radioativa".

Neste mesmo ano, vários outros trabalhos são publicados pelo casal, que pesquisavam as propriedades do novo elemento, como o processo de radioatividade induzida pelos raios Becquerel[258].

"Estudando as propriedades dos materiais fortemente Radioativos,

[256] Demarçay, E. (1898) Sur le spectre d´une substance Rádio- active. Comptes Rendus. Vol. 127 pp 1218.
[257] Curie, M.S. (1899) Les rayons de Becquerel et le polonium. Révue Générale des Sciences. Vol. 10 pp 41-50.
[258] Curie, P., Curie, M.S. (1899) Sur la Rádio-activité provoquée par les rayons de Becquerel. Comptes Rendus. Vol. 129 pp 714- 716.

preparados por nós (o Polônio e o Rádio), nós pudemos constatar que os raios emitidos por estes materiais, agindo com as substâncias inativas, pode transmitir a radioatividade, e esta radioatividade induzida persiste durante um tempo assaz longo.

(...)

O objetivo do presente trabalho foi especialmente pesquisar se a radioatividade induzida não se deveu a traços de material radioatividade que seriam transportados sob a forma de vapor ou de poeira na lâmina exposta. (...) No entanto, acreditamos que podemos afirmar que não se trata disto e que existe uma radioatividade induzida".

Estas pesquisas, anos mais tarde, iriam inspirar os trabalhos de sua filha, bem como o trabalho de outros cientistas nos próximos dois séculos que viriam, em aplicações, creio, inimagináveis por estes pioneiros que colocavam o material radioativo em contato com a pele para verificar seus efeitos sobre o corpo humano.

Os efeitos químicos, resultantes da interação da radiação com a matéria, como o Oxigênio irradiado, também foi estudado[259].

"Os raios emitidos pelos sais de Bário radífero muito ativos são capazes de transformar o oxigênio em ozônio.

A transformação do oxigênio em ozônio necessita de um gasto de energia utilizável. A produção do ozônio sob efeito dosraios emitidos pelo Rádio é uma prova que esta radiação representa uma liberação contínua de energia".

Assim como trabalhos que veríamos, algum tempo depois, como ponto de partida de outros cientistas[260], como a ação de campos magnéticos

---

[259] Curie, P., Curie, M.S. (1899) Effets chimiques produits parles rayons de Becquerel. Comptes Rendus. Vol 129 pp 823-825.

[260] Rutherford E. (1899) Uranium Radiation and the Electrical Conduction. Philosophical Magazine for January, ser. 5, Vol 47, pp 109-163

sobre os raios de Becquerel[261], o poder de penetração do raio que não sofria desvio por campo magnético[262] e, a definição da carga elétrica dos raios desviados por campos magnéticos oriundos do Rádio[263], mostrando que a ciência é dinâmica e, que aquilo que parece que é apenas curiosidade e sem aplicação imediata, será, em curto período de tempo, aplicado em diversos campos da ciência pura e aplicada, bem como em inovações que impactam diretamente a sociedade.

As descobertas da radioatividade impulsionaram outro setor da indústria, a cosmética. Vários produtos eram lançados no mercado, acreditando-se que os elementos e o fenômeno da radioatividade eram a panaceia clássica, que curava todos os males. Assim eram encontrados cremes de beleza como "Tho-radia", feitos com os elementos Tório e Rádio a partir de uma fórmula do dr. Alfred Curie[264], personagem inexistente, criado pela empresa e utilizado para dar mais credibilidade ao produto. Este creme continha cerca de 0,5g de Cloreto de Tório e 0,25mg de brometo de Rádio em 100g de creme. Um golpe publicitário em pleno século das luzes. Na prateleira

---

[261] Curie, P. (1900) Action du champ magnétique sur les rayons de Becquerel. Rayons déviables e non déviables. Comptes Rendus, Vol. 130 pp 73-76

[262] Curie, P. (1900) Sur la pénétration des rayons de Becquerel non déviables par le champ magnétique. Comptes Rendus, Vol. 130 pp 76-79.

[263] Curie, P.; Curie, M.S (1900) Sur la charge étectrique des rayons déviables du radium. Comptes Rendus, Vol. 130 pp 647- 650.

[264] Disponível em: https://www.orau.org/health-physics-museum/collection/radioactive-quack-cures/pills-potions-and-other-miscellany/tho-radia-items.html

das boticas podia-se encontrar o "Radium Nutex", um preservativo masculino com o elemento Rádio incorporado. Também à disposição havia uma bolsa para aplicação de compressas, fabricado em Los Angeles (USA), ideal para quem sofria de constipações, gota, doenças reumáticas, dores no ciático e tosse, e o anúncio dizia ser eficaz pois era um produto 100% natural, pois tinha como base a presença do elemento Rádio puro.

Os próprios médicos receitavam e utilizavam medicamentos com Rádio, para tratamento de várias doenças, como o dr. Darier que o utilizava para tratamento de doenças do sistema nervoso[265] e, em uma palestra na faculdade de medicina de Paris, em 1904, e publicado no jornal Le Radium N° 5 em maio do mesmo ano, disse que utilizava o Rádio normalmente para o tratamento de outras doenças.

"Durante a minha primeira nota para a Academia de Medicina, em 06 outubro de 1903, eu já disse que eu estou voltado para a determinação de doses controláveis, doses de droga com Rádio. E desde aquele tempo tratei muitos pacientes. Tinha muitas falhas, o que era inevitável, mas eu nunca vi nenhuma complicação, nenhum efeito adverso devido ao Rádio. Ainda há muito para descobrir, muito a fazer, mas é necessário proceder com muita cautela e deliberação sábia. Assim, eu receito apenas inalações com o material Radioativo em certas doenças da laringe e pulmões, injeções de soluções Radioativas subcutânea ou intravenosa, pós radioativos, etc..."

A característica que o elemento Rádio possui de brilhar no escuro, levou as pessoas a adquirir um relógio especial, que tornava possível consultar as horas na mais profunda escuridão, graças a ideia do

---

[265] Darier, M. A. (1904) Radium in Certain Nervous Affections. American Journal of the Medical Sciences: May - Vol. 127 - Issue 5 - pp 914

fabricante de pintar os ponteiros com um composto de Rádio.

Também havia um produto conhecido como *"Radiendocrinator"*, que era usado para revigorar a virilidade sexual masculina por meio de aplicação de papéis embebidos em uma solução de Rádio, e que era colocado sobre as glândulas endócrinas.

O *"Radium Chocolate"* (1931-1936) era anunciado destacando seus poderes de rejuvenescimento. O *"Vita Radium Suppositories"*, para uso retal, como escrito nas indicações do fabricante, fazia *"borbulhar um homem jovial e alegre"* dentro de um *"homem fraco e desanimado"*, através de Rádio solúvel, misturado com manteiga de cacau.

Parece que a maior aplicação era para o consumo masculino, cuja propaganda era sempre a da transformação de um homem fracassado em outro, com super poderes, dando-lhe a possibilidade de figurar na galeria dos super-heróis da ficção dos quadrinhos, onde vários deles obtêm sua força e energia através de emanações radioativas, contudo, vale a pena lembrar que em um deles, o mais forte de todos, o efeito é o contrário, e a radioatividade da "criptonita" pode destrui-lo.

Havia também uma bebida, o tônico *"Radithor"*, fabricada entre 1918 a 1928 pela *"Bailey Radium Laboratories"*, que continha cerca de um microcurie[266] dos isótopos 226 e 228 de Rádio, e

---

[266] Unidade de radioatividade. Um microcurie é igual a um milionésimo de curie, ou $3{,}70 \times 10^4$ dps (trinta e sete mil desintegrações por segundo). O corpo humano apresenta naturalmente cerca de 0,1 microcurie devido à presença natural do isótopo radioativo de potássio-40.

anunciava a cura de câncer estomacal, deficiência mental e restaurava o vigor sexual.

As crianças também tinham acesso aos novos elementos descobertos, e com o "Laboratório de Energia Atômica", comercializado em 1951, podiam manipular "Materiais Radioativos Seguros" alfa emissores e minerais de Urânio. Na caixa vinha escrito: "Divertido – Fácil – Excitante".

Encontrava-se também filtros confeccionados de cerâmica, cujas paredes eram revestidas com material radioativo, que deixava a água *"saudável e naturalmente radioativa"*. E para terminar, o creme dental *"Doramad"*, que por possuir material radiativo, destruía *"as bactérias e dava nova energia as células dos dentes"*.

Há um artigo do *British Journal of Radiology*[267], que traz uma interessante matéria sobre a descoberta do Rádio e mostra, com grande quantidade de figuras, os testes que Becquerel e Marie Curie faziam em si próprios, para verificar os efeitos do material radioativo no tecido humano.

Em 1899 o químico francês André-Louis Debierne, amigo e colega de pesquisas do casal Curie, descobre na pechblenda outro elemento químico, cuja atividade era muito maior que o Polônio e o Rádio[268].

"A Rádio-atividade de uma fração deste material, pude determinar

---

[267] Mould, R. F. (1998) The discovery of radium in 1898 by Maria Sklodowska-Curie (1867-1934) and Pierre Curie (1859- 1906) with commentary on their life and times. Brit. J. of Rad. Vol 71 pp 1229-1254.
[268] Debierne, A. (1899) Sur une nouvelle matière Radio-active. Compt. Rend. Vol. 129 pp 593-595.

grosseiramente como cem mil vezes maior que o Urânio. Além disto, este material tem propriedades químicas muito diferentes daquelas do Rádio e do Polônio.

O novo material se distingue, entretanto do Rádio na medida em que não seja espontaneamente luminoso: o sr. e sra. Curie constataram de fato que os compostos do Rádio emitem, na escuridão, uma luz perfeitamente distinta".

No volume seguinte, no ano de 1900, Debierne apresenta um novo trabalho, com as características do novo metal descoberto e batizado por ele como Actínio, do grego aktis (raio solar)[269].

"(...) Esta propriedade não é proveniente nem do Rádio, nem do Polônio; eu suponho que é devido a presença de um novo elemento radioativo, que eu chamo Actínio".

Mas na Alemanha, de forma independente, o químico Fritz Giesel também observou esta substância radioativa, que normalmente era separada com o Lantânio e o Cério dos minerais e, cuja emanação era muito breve. Desta particularidade ele batizou o elemento como "*emanium*" e publicou suas características[270,271].

O caso da questão de quem descobriu o Actínio também permanece até os dias de hoje. Alguns autores creditam à Debierne, pela antiguidade da publicação, outros atribuem à Giesel, pois, segundo eles, os dados publicados por Debierne eram

---

[269] Debierne, A. (1900) Sur un nouvel élément Rádio-actif: l'actinium. Compt. Rend. Vol. 130 pp 906-908.

[270] Giesel, F. O. (1902). Ueber Radium und Rádioactive Stoffe. Berichte der Deutschen Chemische Geselschaft. Vol. 35 (3) pp 3608–3611.

[271] Giesel, F. O. (1904). Ueber den Emanationskörper (Emanium). Berichte der Deutschen Chemische Geselschaft. Vol. 37 (2) pp 1696–1699.

inconsistentes, pois em 1899 ele diz em seu artigo que o elemento se assemelhava ao Titânio e, em 1900 escreve que se assemelhava ao Tório, além de conflitarem-se com os dados publicados em 1904[272].

De qualquer forma, o nome que prevaleceu foi o que Debierne sugeriu.

O último gás inerte, procurado por Ramsay, somente foi descoberto em 1900 pelo físico alemão Friedrich Ernst Dorn, que trabalhando com o elemento Rádio verificou emanações gasosas radioativas provenientes da fonte onde estava contido o material, e que ele chamou de *Radium Emanation*[273].

Contudo, estavam na pista desde 1899 os ingleses Lord Rutheford e Owens, que tiveram suas atenções despertadas quando, trabalhando com o Tório, verificaram esta estranha emanação, e seu incomum comportamento pois, toda vez que media a radioatividade do elemento, a leitura era diferente, variando muito[274].

"A radiação do óxido de Tório não era constante, mas variava de forma muito caprichosa. Considerando que todos os compostos de Urânio fornecem uma radiação que é notavelmente constante".

Desta observação, ele concluiu que esta emanação só poderia tratar-se de um gás radioativo,

---

[272] Debierne, A.-L. (1904). Sur l'actinium. Comptes rendus. Vol. 139 pp 538–540.

[273] Dorn, F. E. (1900). Ueber die von Rádioaktiven Substanzen ausgesandte Emanation. Abhandlungen der Naturforschenden Gesellschaft zu Halle (Stuttgart) Vol. 22 pp 155.

[274] Rutheford, E.; Owens, R. B. (1899). Thorium and uranium radiation. Transactions of the Royal Society of Canada. Vol 2 pp 9–12.

que ele chamou de *Thorium Emanation*[275].

Dorn descobriu o gás radioativo, repetindo o experimento do casal Curie[276], todavia com mais Rádio, o que novamente suscita o debate do autor da descoberta. Em1901, Rutherford e Brooks publicam um novo artigo, demonstrando que a emanação do Rádio era devido a presença de um gás radioativo, e neste trabalho o crédito é dado ao casal Curie[277].

Em 1903, Debierne observa a mesma emanação proveniente do Actínio, que ele chamou *Actinium Emanation*[278]. A disputa do nome somente foi decidida em 1923 pela IUPAC, que escolheu entre os nomes propostos o Radônio, com símbolo Rn como sendo o oficial.

Quando Boisbaudran apresentou suas observações e publicou as características do Samário[279], ele previu que a razão da diferença entre a raia do espectro observada por ele e a observada por Crookes, que ele denominou de *"anômala"*, era ocasionada pela presença de um novo elemento, que ele chamou de Zε e Zζ, contudo não deu prosseguimento às suas pesquisas.

Em 1896, Demarçay trabalhando nas terras de

---

[275] Rutheford, E. (1900). A Rádioactive substance emitted from thorium compounds. Philosophical Magazine Series 5. Vol.49 Issue 296 pp 1–14.

[276] Curie, P.; Curie, Mme. Marie (1899). Sur la Rádioactivite provoquee par les rayons de Becquerel. Comptes rendus. 129 pp: 714–6.

[277] Rutheford, E.; Brooks, H.T. (1901). The new gas from radium. Transactions of the Royal Society of Canada Vol 7 pp 21–5.

[278] Debierne, A.-L. (1903). Sur la Rádioactivite induite provoquee par les sels d'actinium. Comp. Rend. hebdomadaires des seances de l'Academie des sciences. Vol. 136 pp 446.

[279] Boisbaudran, P. L. (1892) Recherches sur le samarium. Compt. Rend. Vol. 114 pp 575-577.

Marignac identifica um metal, muito semelhante ao Samário e Gadolínio, mas com espectro diferente, que ele denomina provisoriamente de Σ, até conseguir uma quantidade suficientemente pura para caracteriza-lo definitivamente[280], fato que consegue em 1901[281].

Neste trabalho, faz uma longa retrospectiva das observações de Boisbaudran e Crookes e mostra, através de uma cuidadosa observação química e extensa análise espectroscópica, que o elemento $Z\zeta$ é o seu Σ.

"Os resultados aparentemente contraditórios dos srs. Crookes e Boisbaudran são, penso eu, devidos a baixa proporção de Σ - $Z\zeta$, contidas no seu material e que o Cálcio e o Gadolínio aumentam muito o espectro do Samário mais que os outros.

"Proponho o nome do Európio ao novo elemento, com o símbolo Eu = 151 (aproximadamente)".

O segundo elemento descoberto no século XX é outra terra rara, também encontrada na terra de Marignac.

Quando Nilson publica sobre sua descoberta, o elemento Escândio, a partir da itérbia, ele diz que mesmo impura, foi possível identificar suas características.

Desta itérbia impura, o químico francês Georges Urbain, através de sucessivos fracionamentos, consegue chegar em uma quantidade de material suficiente para determinar

---

[280] Demarçay, E. (1896) Sur un nouvel élément substance contenu dans les terres rares voisines du Samário. Comptes Rendus. Vol. 122 pp 728-730.
[281] Demarçay, E. (1896) Sur un nouvel élément, l'europium.Comptes Rendus. Vol. 122 pp 728-730.

seu peso atômico e características espectrais. Em 1907 publica um trabalho sobre a descoberta do elemento Lutécio, nome originário de *"Lutetia Parisorum"*, antigo nome da cidade de Paris[282], e de um outro elemento, que ele chama de *neoitérbio*, que depois é constatado como sendo o próprio Itérbio.

Acontece que Welsbach também chega na mesma conclusão, pois havia encontrado simultaneamente com seu colega francês os dois elementos na itérbia impura de Marignac, e dá o nome de *cassiopeium* e *aldebaranium* para os elementos[283].

Em 1908, Welsbach publica um artigo acusando Urbain de ter se aproveitado de suas pesquisas para publicar sua descoberta. Em resposta, Urbain publica um artigo em alemão, na mesma revista, com o título: "Lutécio e *Neoytterbium* ou *Cassiopeium* e *Aldebaranio* - resposta ao artigo do Sr. Auer von Welsbach"[284], acusando este por incorrer no mesmo delito.

O caso foi encerrado em 1909, dando prioridade à Urbain, como pode ser visto na publicação oficial da Comissão de Massa Atômica[285] e, se

---

[282] Urbain, M. G. (1907). Un nouvel élément, le lutécium, résultant du dédoublement de l'ytterbium de Marignac. Comptes rendus. Vol. 145 pp 759–762.
[283] von Welsbach, C. A. (1908). Die Zerlegung des Ytterbiums in seine Elemente. Monatshefte für Chemie. Vol. 29 (2) pp 181– 225.
[284] Urbain, G. (1909). "Lutetium und Neoytterbium oderCassiopeium und Aldebaranium -- Erwiderung auf den Artikel des Herrn Auer v. Welsbach". Monatshefte für Chemie. Vol. 31 (10) pp I.
[285] Clarke, F. W.; Ostwald, W.; Thorpe, T. E.; Urbain, G. (1909).Bericht des Internationalen Atomgewichts-Ausschusses für 1909.Berichte der deutschen chemischen Gesellschaft. Vol. 42 (1) pp 11–17.

observarmos os membros da comissão...

Embora tenha sido rejeitado oficialmente, o nome dado por Welsbach ainda é encontrado em impressos na Alemanha.

Em 1913 foi identificado um dos mais raros e mais caros dos elementos naturais. Previsto em 1871 por Mendeleev como *Ekatantalum*, ocupava um espaço entre o Tório e o Urânio em sua antiga tabela, e deveria possuir as características químicas do Tântalo, fato que, por muitos anos, dificultou muito sua identificação.

Com a descoberta da radioatividade, novos processos e novas tecnologias de investigação foram surgindo, assim como novos elementos. Muitos pesquisadores desenvolveram estudos nesta área e Crookes, estudando sobre a radioatividade do Urânio, observou um novo elemento, que ele denominou de Urânio-X e, devido a impossibilidade de observação de seu espectro, não pode caracteriza-lo, mas sabia que não se tratava do Polônio ou do Rádio dos Curie, nem tampouco do Actínio de Debierne[286].

"Tendo definitivamente provado que a suposta radio-atividade do Urânio e seus sais não é uma propriedade inerente do elemento, mas é devido a presença de um corpo estranho, é necessário pacientemente determinar a natureza deste corpo estranho. Vários novos corpos radio-ativos vêm sendo extraídos da petchblenda, e experimentos tem sido desenvolvidos para se verificar se o recentemente encontrado corpo UrX possui propriedades químicas similares aquelas das outras substâncias ativas".

---

[286] Crookes, W. (1899). Radio-Activity of Uranium. Proceedings of the Royal Society of London. Vol. 66 pp 409–423. Disponível em: https://royalsocietypublishing.org/doi/pdf/10.1098/rspl.1899.0120

Em 1909, o físico inglês Frederick Soddy também desenvolve suas pesquisas no estudo do Urânio-X, com vistas a tentar identificar este elemento citado por Crookes.

"Os experimentos foram feitos com o Urânio X separados com a ajuda do Sr. A. S Russell de 50 kg de nitrato de uranilo puro (Phil. Mag., Out.1909, p. 620) para ver se ocorreu o crescimento de uma fraca α-radiação como uma intensa diminuição de β-radiação. Esse crescimento de α-raios, concomitante com a diminuição dos β-raios, é de se esperar se o pai do Rádio é o produto direto do Urânio X. A partir do período do pai do Rádio apresentado no último artigo, o Urânio-X em equilíbrio com 1 kg de Urânio deve dar por sua completa desintegração um produto tendo como α-atividade de 2 miligramas de Urânio, se não houver novos corpos intermédios intervindo".

E como um cuidadoso e prudente pesquisador que era, diz em sua conclusão que os dados seguem para uma confirmação da possibilidade de que haja um novo elemento no Urânio-X, responsável pelas observações anotadas, mas uma nova pesquisa com a preparação de mais material, *"deve ser aguardado antes que isso possa ser decidido"*[287].

E a procura continuou em vários laboratórios europeus e norte-americanos, até que em 1913 a dupla de pesquisadores radicados nos Estados Unidos, Kazimierz Fajans e Otto H. Göhring, observaram pela primeira vez os produtos da série de decaimento do Urânio-238, descobrindo assim o *"Brevium"*, também chamado de Urânio X_2, um elemento químico com meia vida muito curta, de

---

[287] Soddy, F. (1909) The rays and product of uranium X. Philosophical Magazine. Series 6 Vol. 18, Issue 108, pp 858 – 865

apenas 1,18 minutos[288].

$$_{92}U^{238} \rightarrow {}_{90}Th^{234} \rightarrow {}_{91}Bv^{234} \rightarrow {}_{92}U^{234}$$

No esquema acima temos o isótopo 238 do Urânio, que emite uma partícula alfa e se transmuta no isótopo 234 do Tório, que por sua vez emite uma partícula beta e se transmuta no isótopo 234 do *Brevium*, que emite outra partícula beta e cuja transmutação origina o isótopo 234 do Urânio.

Mais tarde, em 1918, os alemães Otto Hahn e Lise Meitner[289], e os ingleses Soddy e Cranston[290], de forma independente, descobriram um outro isótopo do elemento *Brevium*, oriundo do decaimento do isótopo Urânio-235, todavia com uma meia-vida muito maior, cerca de 32.000 anos.

$$_{92}U^{235} \rightarrow {}_{90}Th^{231} \rightarrow {}_{91}Pa^{231} \rightarrow {}_{89}Ac^{227}$$

No esquema acima temos o isótopo 235 do Urânio que ao emitir uma partícula alfa se transmuta no isótopo 231 do Tório. Este ao emitir uma partícula beta, se transmuta no isótopo 231 do Protactínio, que por sua vez emite uma partícula alfa e se transmuta no isótopo 227 do Actínio.

---

[288] Fajans, K.; Gohring, O. (1913). Über die komplexe Natur des Ur X. Naturwissenschaften. Vol. 14 (14) pp 339

[289] Hahn, O.; Meitner, L. (1918) Die muttersubstanz des actiniums, ein neues Radioaktives element von langerlebensdauer. Physik. Z., 19 pp 208-218

[290] Soddy, F; Cranston, J.A. (1918) The parent of actinium. Proceedings of the Royal Society of London. Series A.Vol. 94, No. 662 pp. 384-404.

Desta forma, o antigo nome foi trocado para protoactinium, pois na série da família radioativa do U-235, chamada de série do Actínio, que representamos acima, ele é o primeiro elemento criado antes do Actínio (proto=primeiro), e posteriormente, em 1949, foi renomeado de Protactínio pela IUPAC, a fim de facilitar a pronúncia.

Quando Mendeleev formulou sua tabela periódica, o conceito de número atômico, ou seja, a quantidade de prótons que um átomo possui em seu núcleo, não existia, e ele genialmente ordenou sua tabela em função do número de massa, daí que ele previa que um tal elemento de massa tal, seria ainda descoberto, baseado no comportamento dos elementos já existentes.

Em 1914, o avanço da ciência permitiu que os raios de Röntgen fossem utilizados para o estudo íntimo da matéria e, com a mesma base de se utilizar a luz para se estudar as raias espectrais dos elementos, foi desenvolvido um equipamento que utilizava o raio-X para estes fins, assim nasceu a espectroscopia com raio-X.

Foi nesta época que Henry Moseley[291], aplicando os recursos deste equipamento, identificou o comportamento das linhas espectrais e a carga nuclear positiva do átomo, ou número atômico, ou a quantidade de prótons que cada átomo possui em seu núcleo.

Com isso, ele verificou que havia uma falha de

---

[291] Moseley, H. G. J. (1913) The high Frequency Spectra of the Elements. Phil. Mag. p. 1024

4 elementos na sequência dos átomos conhecidos até então, os de número atômico 43, 61, 72, 75.

Como é de se imaginar, este pronunciamento levou vários pesquisadores no mundo a lançarem-se na procura destes elementos, e o primeiro a entrar na briga, afirmando ter descoberto o elemento com as características descritas foi Georges Urbain, com um trabalho publicado em 1911, no qual identifica um elemento que ele chama de *celtium*[292].

Em 1923, Urbain e Dauvillier publicam outro trabalho, defendendo sua descoberta, agora amparado pelas determinações da espectroscopia com raio-X[293,294].

Mas a controvérsia permanecia, pois os químicos se amparavam nas caracterizações químicas que indicavam o *celtium* como o elemento de número atômico 72, e os físicos defendiam a determinação com base no método de Moseley, contudo, ambos estudos, químico e físico, não apontavam o elemento de Urbain como o procurado. O fato é que o elemento, ou seja, lá o que Urbain determinou, estava presente em minérios de terras raras, e isso Urbain sempre deixou muito claro em suas publicações, mas segundo o físico Niels Bohr e outros químicos da época, baseados na técnica de Moseley e na recente teoria atômica de Bohr, previram que o elemento não pertencia à família das

---

[292] Urbain, G. (1911). Sur un nouvel élément qui accompagne le lutécium et le scandium dans les terres de la gadolinite: le celtium. Comptes rendus. Vol. 152 pp 141-143.
[293] Dauvillier, A (1922). Sur le séries L du lutécium et de l´ytterbium et sur l´identification du celtium avec l´élément de nombre atomique 72. Compt. Rend. Vol. 174 pp 1347- 1349
[294] Urbain, G. (1922). Les números atómiques du néo-ytterbium, du lutécium et du celtium. Comptes rendus. Vol. 174 pp 1349- 1351.

terras raras, pois tinha propriedades do Zircônio.

Este anúncio despertou o interesse de dois cientistas que trabalhavam com Bohr, o holandês Dirk Coster e o húngaro György Karl von Hevesy, que ao aplicar o processo de múltiplas cristalizações na zircônia norueguesa, obteve um óxido diferente do Zircônio. Com a análise de espectroscopia por raios-X determinaram o número atômico do novo elemento: 72[295,296].

Este novo elemento foi chamado de Háfnio, o antigo nome latino de Copenhague, onde aconteceu a descoberta.

Também motivados pela previsão de Moseley, os químicos alemães Walter Noddack, Ida Eva Tacke e Otto Berg, anunciaram em 1924 a descoberta de outro elemento, que fora previsto por Mendeleev como Ekamanganês[297].

Em 1908 este mesmo elemento havia sido identificado pelo químico japonês Masataka Ogawa, o qual batizou-o de *nipponium,* mas por uma falha na interpretação dos resultados obtidos por via química, publicou que se tratava do elemento de número atômico 43, conhecido e isolado somente 29 anos depois.

A experiente equipe alemã partiu da lógica para tentar identificar os elementos de número atômico

---

[295] Coster, D.; Hevesy, G. (1923). On the Missing Element of Atomic Number 72. Nature. Vol. 111 pp 79

[296] von Hevesy, Georg (1923). Über die Auffindung des Hafniums und den gegenwärtigen Stand unserer Kenntnisse von diesem Element. Berichte der deutschen chemischen Gesellschaft (A and B Series). Vol. 56 pp 1503.

[297] Noddack, W.; Tacke, I.; Berg, O. (1925). Die Ekamangane. Naturwissenschaften. Vol. 13 (26) pp 567–574.

43 e 75, previstos por Moseley, a partir dos minérios que seus vizinhos de número atômico haviam sido descobertos. Seu passo inicial era processar o minério de Platina e obter os elementos, mas, o fator financeiro falou mais alto e a Platina naquela época já era um metal precioso, fato que os fizeram decidir por processar primeiro a molibdenita, columbita e gadolinita.

Assim como aconteceu com o casal Curie, que para chegar ao elemento Rádio tiveram que dispensar os delicados copos Beckers e tubos de ensaio de seu laboratório, e manipular baldes e grandes recipientes para processar os 1000 kg de petchblenda, a equipe de Noddack teve que trabalhar com 600 kg de molibdenita para conseguir a insignificante quantidade de 1g de material em sua forma metálica.

Todo o processo durou cerca de três anos e, de posse do metal, passou-se a análise por espectroscopia com raio-X, que identificou o elemento com número atômico 75, batizando-o de Rênio, homenagem a um dos mais importantes rios europeus, o Reno[298].

Mas o elemento previsto por Mendeleev com o nome de *Dvimanganes*, com número atômico 43 previsto por Moseley, ainda não havia sido identificado, e a corrida para a confirmação de sua previsão começa em 1877, quando o químico russo Serge Kern publica um trabalho sobre suas

---

[298] Noddack, W.; Noddack, I. (1929). Die Herstellung von einem Gram Rhenium. Zeitschrift für anorganische und allgemeine Chemie. Vol. 183 (1): 353–375.

pesquisas com o minério de Platina, e batiza sua descoberta com o nome de *davyum*, homenageando o químico inglês Sir Humphry Davy[299].

Todavia, em 1881 sua descoberta foi colocada em questão pelo químico inglês Humpidge, que afirmou em uma nota[300] que o *davyum* tratava-se de uma mistura de Irídio, Ródio e Ferro, e que Kern não havia explicado em seu trabalho como obteve o metal. Certo ou errado, a nota publicada fez com que a descoberta de Kern fosse ignorada.

O posicionamento de Humpidge tinha fundamento, pois uma enxurrada de artigos anunciando a descoberta de novos elementos, havia invadido as revistas científicas da época, como o *nipponium* em 1908, descrito anteriormente; em 1925 o *moseleyum*[301]; em 1828 Gottfried Wilhelm Osann anuncia o *polinium*, extraído do minério de Platina, que era o Irídio impuro; em 1846 apareceu o *ilmenium*[302], que depois verificaram tratar-se do elemento Nióbio impuro; em 1847 o *pelopium*[303], que também verificaram tratar-se de Nióbio impuro; e em

---

[299] Kern, S. (1877) Sur un nouveau metal, le davyum, Quelques nouvelles recherches sur le davyum & sur le spectre du davyum. Comptus Rendus. Vol. 85 pp 72-73, 623-624 e 667

[300] Humpidge, J.S. (1881). A critical investigation of a number of alleged new elements. Manufacturer and build. Vol.13 pp 1.

[301] Harmer, R. (1925) Moseleyum and the names of the elements. Science Vol 61 nº1585 pp 510-511

[302] Hermann, R. (1847). Untersuchungen über das Ilmenium.Journal für praktische Chemie 40: 457-480

[303] Rose, Heinrich (1846). On a new metal, pelopium, contained in the Bavarian tantalite. Philosophical Magazine Series 3 Vol. 29 (195) pp 409–416.

1896 o elemento *lucium*[304,305] que tratava-se de Ítrio impuro[306,307].

Todas estas tentativas eram para identificar o elemento de número atômico 43, o *Dvimanganes* de Mendeleev. Entre estas, podemos também citar o trabalho de Noddack - o descobridor do elemento Rênio -, que em 1925 anunciou a identificação do elemento, dando-lhe o nome de *masurium*, sua homenagem à cidade prussiana de Masúria. Contudo sua descoberta não foi confirmada, pois não conseguiram reproduzir o experimento que utilizou, no qual consistia em bombardear o minério columbita com um feixe de elétrons, utilizando um acelerador Van der Graaf.

Somente em 1937 o elemento de número atômico 43 - Tecnécio -, foi sintetizado artificialmente pelos cientistas italianos, o mineralogista Carlo Perrier e o físico Emilio Segrè, que utilizando o recém inventado Cíclotron, idealizado por Ernest Lawrence, bombardeou um alvo de Molibdênio com dêuterons (H^2) para gerar os isótopos do Tecnécio ^{95m}Tc e ^{97m}Tc.

A escolha do nome do elemento também não foi fácil, pois a universidade onde trabalhavam era localizada na cidade de Palermo, e por ter

---

[304] Barrière, P. (1896). Lucium. A new element, Patented. Chemical News pp 74, 159, 212–214, 259.
[305] (1897), Referate. Zeitschrift für anorganische Chemie, 15: 456–476. doi: 10.1002/zaac.18970150164
[306] Urbain, G; Budischovsky. (1897) Researches sur les sables monazites. Comptus Rendus. Vol.124 pp 618-621.
[307] Norman E. Holden. History of the Origin of the Chemical Elements and Their Discoverers.
Disponível em: http://www.nndc.bnl.gov/content/elements.html. Acessado em06/2011.

financiado a pesquisa, sugeriram "gentilmente" o nome *Panormium,* derivado do nome em latim da cidade.

"Os resíduos do cíclotron provaram ser uma mina fértil de radioatividade. Encontramos nele o elemento 43 que faltava, o *masurium*. (...) nós o chamamos de Tecnécio para comemorar o fato de que ele foi o primeiro elemento artificial. O resíduo também continha uma quantidade substancial de ^{32}P, ^{60}Co, e outros radioisótopos".

Foi uma boa estratégia esta da sugestão do nome Tecnécio, como referência ao primeiro elemento obtido por via artificial, para agradar gregos e troianos e acalmar os ânimos[308]. No mesmo ano publicam um outro trabalho com as características químicas do metal[309] e, em 1952, o elemento foi identificado no interior de uma estrela gigante vermelha[310].

Todos os elementos previstos por Mendeleev estavam destinados a dar muito trabalho para os cientistas que se dedicaram à sua identificação, como vimos anteriormente. É o que igualmente aconteceu com o *Ekacaesium,* também chamado *russium,* em 1925, pelo físico russo D. K. Dobroserdov; *alkalium,* em 1926, pelos químicos ingleses Gerald J. F. Druce e Frederick H. Loring; *virginium,* em 1930, pelo químico norte-americano Fred Allison; e o *moldavium,* pelo químico romeno

---

[308] Perrier, C.; Segre, E. (1937) Nature. Vol.140 pp 193.
[309] Perrier, C.; Segre, E. (1937) Some chemical properties ofelement 43. J. Chem. Phys. Vol. 5 pp 712-716.
[310] Merrill, P. W. (1952). Technetium in the stars. Science Vo.115 pp 484.

Horia Hulubei em 1936[311].

Em 1939 a física francesa Marguerite Perey anuncia seu êxito em identificar o tão procurado elemento, enquanto estudava a emissão de partícula alfa pelo Actínio. Daí vem seu nome provisório como Actínio-K[312,313].

Continuando o trabalho de caracterização química de seu elemento, Perey verificou que este possuía características especiais, como sua grande eletropositividade, fato que a levou a sugerir o nome *catium* para o elemento, mas Irène Joliot-Curie, filha do casal Curie, sugeriu que ela mudasse. Assim, Perey sugeriu o nome Frâncio, em homenagem à sua terra natal, para o último elemento natural descoberto[314].

Como vimos, desde a descoberta do Rádio uma nova ciência surgia a passos largos: a ciência nuclear. Podemos dizer que teve início, efetivamente falando, quando Marie Curie estudou os efeitos químicos do Oxigênio irradiado, demonstrando a interação da radiação com a matéria. Daí em diante nomes conhecidos da ciência moderna começam a publicar trabalhos voltados a estas transformações naturais ou induzidas.

Assim vemos o barão Rutherford, e outros pioneiros, estudando as partículas alfa, beta e raios

---

311 Hulubei, H. (1936) Researches relatives à l'élément 87.Comptus Rendus. Vol.202 pp 1927-1929.
312 Perey, M. (1939) Sur um element 87, dérivé de l'actinium. Comptus Rendus., vol 208, pp 97-99
313 Perey, M.; Lecoin, M. (1939) Beta spectrum of actinium K.Nature Vol. 144 pp 326-326
314 Perey, M. (1946) Journal de Chimie Physique et de Physico-Chimie Biologique. Vol. 43 pp 155, 262

gama emitidas por materiais com radioatividade natural[315,316,317,318,319].

A citação abaixo, encontrada na Ref.315, é o experimento histórico, descrito em todos os livros de Química Fundamental, sobre os experimentos de Rutherford com os três tipos de radiação.

"(1) Os raios α, que são muito facilmente absorvidos por finas camadas de matéria, e que dão origem à maior parte da ionização do gás observado nas condições experimentais usuais.

(2) Os raios β, que são constituídos de partículas carregadas negativamente projetada com alta velocidade, e que são semelhantes em todos os aspectos aos raios catódicos produzidos em um tubo de vácuo.

(3) Os raios γ, que não são desviáveis por um campo magnético, e que apresentam um caráter muito penetrante.

Estes raios diferem amplamente em seu poder penetrante da matéria. Os seguintes números aproximados, que mostram a espessura de alumínio atravessado antes que a intensidade é reduzida pela metade, ilustra essa diferença.

Radiação	Espessura de Alumínio
raios α	0,0005 centímetros.
raios β	0,05 centímetros.
raios γ	8 cm."

[315] Rutherford, E. (1903) The magnetic and electric deviation of the easily absorbed rays from radium. Phil. Mag., Vol. 5 (26) pp 177-187

[316] Rutherford, E.; Royds, T. (1909) The nature of the α particle from radioactive substances. *Phil. Mag.* Vol. 17 (98) pp 281-286

[317] Bragg, W.H. (1904) On the absorption of α rays, and on the classification of the α rays from radium. Phil. Mag. Vol. 8 (48) pp 719-725.

[318] Ramsay, W.; Soddy, F. (1905) Experiments in Radioactivity, and the production of Helium from Radium. *Proc. Roy. Soc. London.* Vol. 72 pp 204-207.

[319] Geiger, H; Nuttall, J.M. (1911) The ranges of the α particles from various radioactive substances and a relation between range and period of transformation. *Phil. Mag.Vol.* 22 (130) pp 613- 621.

A desintegração dos elementos[320,321,322] e, a proposta de conceito de isótopos[323], eram todos trabalhos inovadores e de alta qualidade filosófica, digo filosófica pois eles partiram de conhecimentos imberbes, ainda recentes, e propuseram novas linhas de investigação, mostrando aí que a necessidade é a mãe das invenções.

Não tinham medo de errar. Faziam e publicavam suas descobertas baseados no conhecimento que a época lhes proporcionava, e isso é o que os tornam grandes, em nossa visão moderna.

Tudo é uma sequência de postulados, teorias, acertos e erros, e assim, nesta sequência, o elemento *ekaiodo*, também previsto por Mendeleev, foi descoberto em 1940 pela equipe de cientistas formada por Corson, MacKenzie e Segrè, quando bombardearam o Bismuto com partículas alfa em seus laboratórios na Universidade da Califórnia[324].

O nome dado pelos descobridores - Astato (do grego Astatos) - vem do comportamento deste elemento, que pertence à família dos halogêneos, devido a sua instabilidade isotópica.

"O Bismuto bombardeado com partículas alfa de 32 Mev torna-se

[320] Rutherford, E. (1900) A radio-active substance emitted from thorium compounds. Phil. Mag. Vol. 49 (296) pp 1-14.

[321] Rutherford, E.; Soddy, F. (1903) Radioactive Change. *Phil.Mag.* Vol. 5 (29) pp 576-591.

[322] Rutherford, E. (1911). The scattering of α and β particles by matter and the structure of the atom. *Phil. Mag. Vol.* 21 (125) pp669-688.

[323] Soddy, F. J. (1911) The chemistry of mesothorium. Chem.Soc.Vol. 99 pp 72-83.

[324] Corson, D. R.; MacKenzie, K. R.; Segrè, E. (1940) Artificially Rádioactive Element 85. Physical Review. Vol. 58(8) pp. 672-678

Radioativo. Duas faixas de partículas alfa são emitidas, uma de 6,55 cm e outra de 4,52 cm. Essas duas partículas alfa não são geneticamente relacionadas. Existem também raios X que mostram as características de absorção de raios-x do polônio. Todas essas radiações se separam quimicamente como elemento 85, e todas apresentam a mesma meia-vida de 7,5 horas. A provável explicação desses efeitos é a seguinte: Bi^{209}, por uma reação $(a, 2n)$, vai para 85^{211}, no qual decai tanto por captura de elétron-K para Actínio C' (Po^{211}) ou por emissão de partículas alfa (intervalo de 4,5 centímetros) para Bi^{207}. As partículas alfa de 6,5 cm são as do Actínio C'. De acordo com este esquema, o segundo ramo de 85^{211} leva a Bi^{207} que deve decair para Pb^{207}. Até agora temos sido incapazes de encontrar essa atividade. Nós discutimos as propriedades químicas do elemento 85 e mostramos que, em geral, seu comportamento é de um metal".

Mas antes de ser identificado como Astato, o *ekaiodo* também foi motivo de alegria e tristeza para muitos outros cientistas, que eram laureados no capitólio um dia e no outro, víamos saltando da rocha Tarpeia, como diz o dito popular: Da glória à desgraça, a distância é um pulo.

Assim encontramos o trabalho de Allison e equipe noticiando a descoberta do elemento 85, em 1931, batizando-o de *alabamium*[325,326]. Em 1937 foi a vez do indiano Rajendralal De, ao anunciar que obteve o elemento 85 através de seus estudos com Tório, dando o nome de *dakin*, em homenagem à sua cidade natal Dacca, na atual Bangladesh[327]. Em 1940 o físico suíço W. Minder anuncia que obteve evidências do elemento 85, através de observações do decaimento beta do RádioA ($_{84}Po^{218}$), e o batiza de *helvetium*, derivado do nome em latim da Suíça.

---

[325] Allison, F.; Murphy, E. J.; Bispo, E.R. e Sommer, L. A. (1931) Evidence of the detection of element 85 in certain substances. Physical Review. Vol. 37 pp 1178-1180

[326] Weeks, M. E. (1933) The Discovery of the Elements, XX: Recently Discovered Elements. *Journal of Chemical Education* 10, pp 161-170

[327] De, R. (1937) Twin elements in travancore monazite. Chemical abstracts Vol.31. (I) pp 17

Contudo, em 1942 ele publica um outro trabalho, sobre o mesmo tema, mas mudando o nome do elemento para *anglohelvetium*[328].

No início da década de 30 os pesquisadores Bothe e Becker na Alemanha, e o casal Curie em Paris, estavam investigando a natureza de uma radiação penetrante, oriunda do impacto de partículas-α do Polônio no núcleo do Berílio. Pensavam se tratar de raios-γ de alta energia, entretanto, em 1932, quando Chadwick, aluno de Rutherford, irradiava Berílio com partículas alfa, observou que um dos produtos da reação era um tipo de radiação muito penetrante, diferente daquelas observadas para prótons, concluiu então que se tratava de radiação gama[329].

$$_4Be^9 + {}_2He^4 \rightarrow [_6C^{13}] \rightarrow {}_6C^{13} + \gamma$$

Através de medidas experimentais, deduziu que a energia desta radiação era da ordem de 7 MeV, e que conseguia ejetar prótons de materiais hidrogenados, com energia resultante de cerca de 5 MeV.

Contudo, sabia que para uma reação deste tipo acontecer, a radiação gama deveria ser da ordem de 50 MeV, ou seja, um valor muito maior daquela observada na experiência, desta forma Chadwick concluiu que não se tratava de radiação gama, mas

---

[328] Leigh-Smith, Alice; Minder, Walter (1942). Experimental Evidence of the Existence of Element 85 in the Thorium Family. *Nature* 150 (3817) pp 767–768.
[329] Hughes, D.J; Harvey, J.A. (1955) Neutron Cross Sections, New York, N.Y. McGRAW- Hill (BNL-325).

sim de uma nova partícula, sem carga e de tamanho e massa semelhante ao próton, que ele denominou de nêutron. Sendo assim, reescrevemos a reação acima da seguinte forma:

$$_4\mathrm{Be}^9 + {}_2\mathrm{He}^4 \rightarrow [{}_6\mathrm{C}^{13}] \rightarrow {}_6\mathrm{C}^{12} + {}_0\mathrm{n}^1$$

Em 1936, Niels Bohr propôs uma teoria para a explicação das reações nucleares[330], de acordo com a qual os processos da interação nêutron-núcleo somente se iniciam quando a distância entre estas partículas for tal que as forças nucleares sejam efetivas. Durante o processo é formado um sistema excitado, composto por ambos, e denominado núcleo composto. A interação cessa logo que os produtos da reação se afastem o suficiente de modo que as forças nucleares não sejam mais efetivas. Desta forma uma reação nuclear ocorre fundamentalmente em duas etapas:

a) formação do "núcleo composto". Nesta fase o nêutron incidente perde a sua identidade e fica incorporado ao sistema. A energia de excitação introduzida pelo nêutron (cinética+ligação) é dividida entre os nucleons.

b) desintegração do núcleo composto nos produtos da reação. Nesta fase o núcleo composto permanece excitado até que um ou mais nucleons adquiram energia suficiente para serem emitidos. Caso esta energia seja insuficiente, ele decairá emitindo radiação-γ. A desintegração do núcleo composto independe da maneira pela qual foi

---

[330] Blatt, J.N.; Weisskopf, V.F. (1957) Theoretical Nuclear Physics. Dover Publication, Inc. New Graw Hill, Book Company Inc. New York.

formado, sendo função exclusiva de suas características tais como, energia de excitação, momento angular, etc. Em alguns casos o núcleo produto formado também é instável e decairá até atingir a estabilidade.

Assim uma reação nuclear pode ser esquematizada da seguinte forma:

$$n + X \rightarrow \left[n + X\right]^* \rightarrow y + Y$$

onde:
n - nêutron incidente
y - partícula ou radiação emergente
X,Y- núcleos alvo e produto, respectivamente.
[n+X]* - núcleo composto excitado

No processo de absorção, o núcleo composto excitado emite uma ou mais radiações-γ, partículas alfa, beta, prótons e dêuterons, podendo ainda levar o núcleo à uma reação de fissão, ou simplesmente ser espalhado.

A descoberta de novos elementos foi possível graças a estes conhecimentos, e ao trabalho de outro notável na ciência nuclear: Enrico Fermi, e seus primeiros trabalhos em fissão nuclear[331], quando realiza experiências bombardeando Urânio com nêutrons. No trabalho publicado, relata que com seu aparato conseguiu evidências de êxito na produção do elemento de número atômico 94, batizado por ele

---

[331] Fermi, E. Artificial Rádioactivity produced by neutron bombardment. Palestra proferida durante a premiação do Nobel de 1938. Disponível em:
https://www.nobelprize.org/prizes/physics/1938/fermi/lecture/

como *hesperium*[332], nome da Itália para os gregos.

O anúncio de sua procura começa em 1934 com a publicação dos resultados de Stern e seu elemento *bohemium*, homenageando sua terra natal[333]. Em 1939 Hulubei publica um trabalho anunciando que havia descoberto o elemento 93, e o batiza de *sequanium*, "*em homenagem à valente e generosa civilização que floresceu nas margens do Sena*[334]", nos minérios tantalita, monazita e betafita, que recebera da ilha de Madagascar. Este trabalho apresenta um grau de detalhamento e minúcias muito grande, isso é devido ao fato que, em 1937, o físico norte-americano Hirsh Jr. havia publicado um trabalho criticando duramente a metodologia empregada por Hulubei na condução de seu estudo, que culminou na descoberta do *moldavium*[335].

Finalmente, em 1934, Fermi chega ao *ausonium*, nome dado por ele ao elemento de número atômico 93[336], contudo não foi considerado, pois, com o advento da reação de fissão, descoberta mais tarde, foi constatado que o *ausonium* era na verdade uma mistura de Criptônio, Bário e outras impurezas, assim como as outras propostas, que afirmavam que o elemento 93 era encontrado na

---

[332] Fermi, E.; Amaldi, E.; D'Agostino, O.; Rasetti, F.; Segrè, E. (1934) Radioattività provocata da bombardamento di neutroni III. La Ricerca Scientifica, Vol. 5, no. 1, pp 452–453.

[333] Stern, A. (1934). The new element bohemium the origin of proto-actinium. Journal of the Society of Chemical Industry. Vol.53 (31) pp 678-686.

[334] Hulubei, H.; Y. Cauchois. (1939) Nouvelles recherches sur l'élément 93 natural. Comptes rendus. Vol. 209 pp 476-479

[335] Hirsh Jr, F. R. (1937) A Note on the Search for Element 87. Physical Review. Vol.51 (7) pp 584-586.

[336] Fermi, E. (1934). Possible Production of Elements of Atomic Number Higher than 92. Nature 133, pp 898–899.

natureza.

A obtenção oficial do elemento somente foi feita em 1940, quando os físicos norte-americanos do Laboratório Berkeley, da Universidade da Califórnia, Edwin M. McMillan e Philip Abelson irradiaram Urânio com nêutrons lentos, produzindo o isótopo $_{93}X^{239}$ e batizando-o de Netúnio, o planeta a seguir de Urano[337].

Com esta experiência bem sucedida, estava inaugurada a era da energia nuclear, dos reatores nucleares e da produção dos elementos transurânicos da série dos actinídeos, bem como a produção de outros isótopos radioativos fundamentais para nossa sociedade moderna.

A síntese do Netúnio segue a seguinte reação nuclear:

$$_{92}U^{238} + _{0}n^{1} \rightarrow [_{92}U^{239}] \xrightarrow{\beta^-} {}_{93}Np^{239} \xrightarrow{\beta^-} {}_{94}X^{239}$$

Na expressão acima, lemos que depois de 23 minutos, o núcleo composto formado pelo átomo de Urânio e o nêutron $[_{92}U^{239}]$, emite uma partícula beta de seu núcleo e se transmuta no isótopo-239 do elemento Netúnio.

Acontece que esta reação não termina aí, pois este isótopo é instável e, na busca de seu equilíbrio energético, o Netúnio também emite uma partícula beta, depois de 2,4 dias, transmutando-se para outro elemento, o *hesperium* de Fermi, relatado anteriormente.

Estamos nesta época em tempos difíceis, em

---

[337] McMillan, E.; Abelson, P. (1940). Radioactive Element 93. Physical Review Vol.57 (12) pp 1185-1186.

plena II Guerra Mundial, e a corrida para o domínio e controle da gigantesca e poderosa energia contida no interior do átomo de Urânio está acirrada.

O nêutron já era conhecido e profundamente estudado, Fermi já havia demonstrado sobre as reações de nêutrons lentos no Urânio, e a alemã Ida Noddack havia anunciado a possibilidade de existir uma reação a qual o átomo de Urânio podia partir-se ao meio[338].

"Quando núcleos pesados são bombardeados por nêutrons, é concebível que o núcleo se divide em vários fragmentos grandes, o que seria, evidentemente, os isótopos de elementos conhecidos, mas não seriam vizinhos do elemento irradiado".

Esta afirmação histórica rebatia as conclusões de Fermi, que ela coloca em questão, mas principalmente postula a reação de fissão. Todavia, por falta de evidências experimentais na época, seu trabalho foi ignorado.

Em 1940, a equipe formada pelos físicos Seaborg, McMillan, Kennedy e Wahl, bombardeiam o Urânio com dêuterons acelerados no cíclotron da Universidade da Califórnia, e conseguem isolar e caracterizar quimicamente o elemento de número atómico 94[339], o *hesperium* de Fermi.

---

[338] Noddack, I. (1934). On Element 93. Zeitschrift furAngewandte Chemie. Vol. 47 pp 653-655.

[339] Seaborg, Glenn T.; McMillan, E.; Kennedy, J. W.; Wahl, A. C. (1946). Radioactive Element 94 from Deuterons on Uranium. Physical Review. Vol. 69 (7–8) pp 366–367.

$$_{92}U^{238} + {}_1H^2 \rightarrow [_{93}Np^{238}] + 2\,_0n^1$$

$$_{93}Np^{238} \xrightarrow[2,4\ dias]{\beta-} {}_{94}Pu^{238}$$

Se observar a data do experimento realizado e a data da publicação dos resultados, verá um lapso de 6 anos. Isso é devido ao fato que, após a verificação do êxito da experiência, a equipe tratou de escrever o artigo, mas, depois, verificaram que o elemento produzido sofria fissão nuclear, logo era uma informação altamente sigilosa, o que levou a retirar o trabalho das prensas e aguardar até o fim da II Grande Guerra para o anúncio da descoberta do elemento Plutônio. O nome sugerido fazia referência ao planeta Plutão pois, como era o último planeta do sistema, o nome viria a calhar para o último elemento possível na tabela periódica, como acreditavam, fato é que Seaborg considerou outros nomes para o elemento, como *ultimium* e *extremium*[340].

Mas o próprio Seaborg constataria o equívoco, quando descobre outros elementos artificiais depois do Plutônio: o Amerício e o Cúrio em 1944, o Berquélio em 1949, o Califórnio em 1950, o Mendelévio em 1955 e o Nobélio em 1957.

O Amerício e o Cúrio foram descobertos também irradiando-se uma mostra de Urânio, ou Plutônio, no cíclotron com íons de Hélio (partículas alfa). No caso do Amerício, Seaborg observou que o produto possuía uma grande e incomum atividade

---

[340] Disponível em: https://www.pbs.org/wgbh/pages/frontline/shows/reaction/intervi ews/seaborg.html Acessado em 02/2022.

de emissão de partícula alfa de alta energia (5,45MeV), e concluiu tratar-se da presença de um elemento desconhecido.

Em seu relatório[341] ele cita que:

"A primeira evidência positiva da existência do elemento 95 foi feita no fim de 1944, na forma de dados nucleares e químicos relacionados ao isótopo 95^{241}. Sugerimos que o novo elemento seja chamado de *americium* (em homenagem à América) e tenha o símbolo Am. Este nome é baseado na forte analogia entre o elemento 95 e o *europium* (da Europa), Eu, na série das terras raras lantanídeas".

Mas depois conclui que este primeiro processo de produção não é ideal, sugerindo que os elementos alvos fossem irradiados com nêutrons em um reator nuclear.

O Américio-241 obtido é então irradiado com nêutrons, formando o isótopo Américio-242, que depois de 16,02 horas decai por emissão beta formando um novo elemento, chamado de Cúrio, em homenagem ao casal Curie[342].

$$_{92}U^{238} + {}_0n^1 \rightarrow {}_{92}U^{239} \xrightarrow[23\,min.]{\beta^-} {}_{93}Np^{239} \xrightarrow[2,4\,dias.]{\beta^-} {}_{94}Pu^{239}$$

$$_{94}Pu^{239} + 2\,{}_0n^1 \rightarrow {}_{94}Pu^{241} \xrightarrow[14,35\,anos]{\beta^-} {}_{95}Am^{241} + {}_0n^1 \rightarrow {}_{95}Am^{242} \xrightarrow[16,02\,horas.]{\beta^-} {}_{96}Cm^{242}$$

---

[341] Seaborg, G. T.; James, R.A. and Morgan, L. O. (1949) The New Element Americium (Atomic Number 95), THIN PPR (National Nuclear Energy Series, Plutonium Project Record), Vol 14 B The Transuranium Elements: Research Papers, Paper No. 22.1, McGraw-Hill Book Co., Inc., New York.
[342] Seaborg, G. T.; James, R. A. and Ghiorso, A. (1949) The New Element Curium (Atomic Number 96), NNES PPR (National Nuclear Energy Series, Plutonium Project Record), Vol. 14 B, The Transuranium Elements: Research Papers, Paper No. 22.2, McGraw-Hill Book Co., Inc., New York.

"Como nome para o elemento de número atômico 96, gostaríamos de propor "Cúrio", com o símbolo Cm. As evidências indicam que o elemento 96 contém sete elétrons 5f e, portanto, análogo ao elemento Gadolínio com os seus sete elétrons 4f naregular série de terras raras. Sobre esta base o elemento 96 é nomeado ao casal Curie, de forma análoga à nomeação do Gadolínio, em que o químico Gadolin foi homenageado".

Antes de receber este nome, os elementos Amerício e Cúrio também foram denominados de outros nomes pelos trabalhadores do Laboratório Berkeley. O seu processamento químico era tão difícil e meticuloso que eles propuseram o nome *pandemonium* para o Amerício e *delírios* para o Cúrio, cuja tradução do grego é relativo à ideia de todos os demônios juntos, ou inferno, e, loucura, respectivamente.

Em 1945 foi descoberto o último membro exaustivamente procurado da família das terras raras, o elemento 61. Mas a história de sua descoberta também é longa, começando em 1902, quando o químico da antiga Tchecoslováquia Bohuslav Brauner, aluno de Bunsen, estudava a química dos lantanídeos[343]. Em suas conclusões, propôs que havia um elemento desconhecido, que se localizava entre a massa atômica do Samário e do Neodímio (descobertos em 1879 e 1885, respectivamente). Esta previsão de massa atômica foi depois confirmada com a medida de número atômico de Moseley.

Em 1926 o químico italiano Luigi Rolla trabalhando com a monazita brasileira, publica uma

---

[343] Grolier Multimédia Encyclopedia. Sum Moon Star, 1997.

série de trabalhos, anunciando a descoberta do elemento 61, que ele batiza de *florentium*, em homenagem a sua cidade natal, Florença[344,345,346,347]. Como não podia deixar de ser, um outro anúncio da descoberta do elemento 61 também apareceu para concorrer com a equipe italiana, o grupo do americano B. Smith Hopkins, que no mesmo ano anunciou o *illinium*, homenageando o estado de Illinois da América do Norte[348].

Esta querela durou muito, e nomes importantes como o químico norte-americano Willian Noyes[349], o casal Noddack[297,298], entre outros, foram consultados, pois o grupo italiano dizia em sua defesa que os dados eram conhecidos desde 1924, contudo, sabemos que o que vale é a data da publicação.

O fato é que o elemento 61 ocorre somente na forma de traços na natureza, com meia vida de 25 anos, formado pela fissão espontânea do Urânio-238. Ocorre sim nos minérios de Urânio, mas impossível de se extrair em quantidade suficiente

---

[344] Rolla, Luigi; Fernandes, L. (1926). Über das Element der Atomnummer 61. Zeitschrift für anorganische und allgemeine Chemie. Vol. 157 pp 371-381

[345] Rolla, Luigi; Fernandes, L. (1928). Florentium. II. Zeitschrift für anorganische und allgemeine Chemie. Vol.169 pp 319-320.

[346] Rolla, Luigi; Fernandes, L. (1927). Florentium. Zeitschrift für anorganische und allgemeine ChemieVol.163 pp 40-42.

[347] Rolla, Luigi; Fernandes, L. (1927). Über Das Element der Atomnummer 61 (Florentium). Zeitschrift für anorganische und allgemeine Chemie. Vol.160 pp 190-192.

[348] Harris, J. A.; Yntema, L. F.; Hopkins, B. S. (1926). The Element of Atomic Number 61; Illinium. *Nature* Vol. 117 (2953) pp 792-793

[349] Noyes, W. A. (1927). Florentium or Illinium?. *Nature Vol.* 120 (3009) pp 14.

para ser estudado pelos métodos tradicionais que, com certeza, era o que os pesquisadores possuíam na época, até o advento dos aceleradores de partículas e reatores nucleares. Para se ter uma idéia de grandeza, em 1968 o químico americano Moses Attrep Jr. Publicou um trabalho que estima que o elemento 61 esteja na pethblenda em 4 partes por quintilhão (10^{18}), em massa[350].

"Uma amostra de petchblenda do Congo contêm $(4\pm1)\times10^{-15}$ gramas de Promécio-147 por kilo de mineral. A razão $^{147}Pm/U$ na petchblenda foi de $(3\pm1)\times10^{-4}$ desintegrações por segundo por grama de Urânio. A razão $^{147}Pm/U$ observada na petchblenda estava de acordo com a razão de equilíbrio $^{147}Pm/U$ de Urânio *in natura* não-irradiados. Os resultados indicam que o ^{147}Pm na pechblenda africana é produzida predominantemente por fissão espontânea do ^{238}U".

Somente em 1945 o elemento foi finalmente produzido, isolado e devidamente caracterizado pela equipe de físicos norte-americanos Charles D. Coryell, Jacob A. Marinsky e Lawrence E. Glendenin. Enquanto tentavam desenvolver um combustível para a bomba nuclear do Projeto Manhattan, eles detectaram um novo elemento como subproduto da reação de fissão do Urânio[351].

Assim como os elementos descobertos durante a II Guerra Mundial, o Promécio também teve que esperar dois anos para ser anunciado. O nome foi sugerido por Coryell, e lembra o fato de que o fogo não existia para a humanidade até que Prometeu o

---

[350] Attrep Jr., M.; e P. K. Kuroda (1968). Promethium in pitchblende. Journal of Inorganic and Nuclear Chemistry Vol. 30(3) pp 699–703
[351] Marinsky, J.A.; Glendenin, L.E.; Coryell, C. D. (1947) The Chemical Identification of Radioisotopes of Neodymium and of Element 61. Journal of the Am. Chem. Soc. Vol. 69 (11) pp 2781-2785

roubou do Olimpo, passando-o aos homens, da mesma forma que o Promécio, não existe até ser produzido pelo Urânio.

Em 1949, a equipe composta por Seaborg, Thompson e Ghiorso, irradiando alvos de Actínio com íons de Hélio, descobre outro elemento artificial, que eles batizam de Berquélio, em homenagem à cidade onde se localizava o laboratório e o acelerador que eles trabalhavam, Berkeley[352,353].

No relatório publicado, os cientistas descrevem a dificuldade de se obter o novo elemento, a começar pela preparação de uma quantidade suficiente do material de partida, que no caso era o Amerício, o mesmo elemento que os trabalhadores batizaram de "*inferno*", visto a problemática que era de o processar quimicamente.

Uma vez produzido o Amerício na forma de nitrato, este era depositado sobre uma lâmina de Platina de cerca de $0,5cm^2$ de área. Depois este conjunto era aquecido, de forma a obter "*o óxido negro de Amerício*".Este alvo, então, era colocado para ser irradiado com íons Hélio de 35MeV no Cíclotron da Universidade da Califórnia durante 6 horas. A outra dificuldade relatada é a alta atividade dos alvos de Amerício e Cúrio utilizados, o que os levou a desenvolver equipamentos e metodologias novas para a manipulação e processamento dos materiais. A caracterização e confirmação do novo

---

[352] Thompson, S.; Ghiorso, A.; Seaborg, G. (1950). Element 97. *Physical Review. Vol.* 77 (6) pp 838-839.
[353] Thompson, S.; Ghiorso, A.; Seaborg, G. (1950). The New Element Berkelium (Atomic Number 97). *Physical Review. Vol* 80 (5) pp: 781-789.

elemento aconteceu somente em 1950, com a análise de espectroscopia de raio-X e a recente análise conhecida como "conversão interna", no qual um núcleo excitado transfere sua energia para um elétron orbital, causando sua ejeção para fora do átomo[354], medindo-se esta energia, sabe-se a energia de ligação do elétron no átomo específico.

O mesmo procedimento, com as mesmas dificuldades de obtenção, processamento e caracterização, foi feito para a descoberta do elemento de número atômico 98, batizado pela equipe como Califórnio, em 1950, com a diferença de que para sua síntese, foi utilizado o isótopo Cúrio-242, e bombardeado no mesmo Ciclotron do *Berkeley Crocker Laboratory*, com íons Hélio de mesma energia que utilizado para o Berquélio[355,356].

"Sugerimos que o elemento 98 seja chamado de *californium* (símbolo Cf) em homenagem à universidade e ao estado onde o trabalho foi realizado".

Mas a produção da equipe de cientistas do Laboratório Berkeley continua, e entre 1952 a 1961 foram descobertos mais outros cinco elementos artificiais, os de número atômicos 99, 100, 101, 102 e 103. Os dois primeiros foram descobertos na década de 1952 por uma grande equipe, composta

---

[354] Thompson, S. G.; Cunningham, B. B.; Seaborg, G. T. (1950). Journal of the American Chemical Society 72 (6) pp 2798-2801.

[355] Thompson, S. G.; Street, Jr. K.; Ghiorso, A.; Seaborg, G. T. (1950). Element 98. Physical Review 78 (3) pp 298-299.

[356] Thompson, S. G.; Street, Jr. K.; Ghiorso, A.; Seaborg, G. T. (1950). The New Element Californium (Atomic Number 98). Physical Review. Vol. 80 (5) pp 790-796.

por cientistas da Universidade da Califórnia, *Argonne National Laboratory* e do *Los Alamos Scientific Laboratory*[357].

Estes elementos possuem uma característica diferente dos outros sintetizados artificialmente que vimos até agora. A princípio, eles não foram produzidos por um acelerador de partículas, mas com uma outra tecnologia que estava começando a ser desenvolvida e estudada e, igualmente preocupava muitos cientistas e leigos.

Dentro de uma estrela, a reação termonuclear na fusão entre dois átomos de Hidrogênio, que é o seu combustível, acontece graças a extraordinária energia envolvida no processo. Esta energia é suficientemente grande, de forma que os átomos vençam a barreira coulombiana e se fundam, criando um novo átomo. A barreira coulombiana existe devido ao fato de os dois núcleos possuírem a mesma carga elétrica, o que leva a repelirem-se mutualmente. Este átomo criado com o processo da fusão tem como produto que o acompanha uma gigantesca produção de energia.

A ideia era fazer aqui na Terra o mesmo procedimento que é feito nas estrelas, para fins de geração de energia, e este intento foi realizado com sucesso em 1952 no atol *Enewetak*, no oceano pacífico. O desenvolvimento deste artefato preocupava muito alguns cientistas, como o próprio Einstein, que ficou com mais cabelos brancos e assumiu uma posição de advertência, sobre a

---

[357] Ghiorso, A.; Thompson, S.; Higgins, G.; Seaborg, G.; Studier, M.; Fields, P.; Fried, S.; Diamond, H. et al. (1955). New Elements Einsteinium and Fermium, Atomic Numbers 99 and 100. Phys. Rev. 99 (3) pp 1048–1049.

possibilidade de a nossa atmosfera incendiar-se com a detonação da bomba de Hidrogênio, como ficou conhecido o artefato. O fato é que esta bomba somente é acionada, por enquanto, se o estopim for adequado, ou seja, se houver energia suficiente para fazer com que os átomos de Hidrogênio vençam a barreira coulombiana e se fundam e, a única fonte de energia conhecida para tal é uma bomba atômica. Desta forma, primeiro detona-se uma bomba nuclear, para que sua energia detone a bomba de Hidrogênio.

Feito o teste com sucesso, a equipe passou a análise dos destroços e, nestes resíduos foram encontrados os novos elementos, que batizaram de Einstêinio (Z=99), e Férmio (Z=100), em homenagem aos dois grandes cientistas.

Com a construção de reatores de alta potência e o emprego dos aceleradores de partículas, conseguiu-se fluxo de nêutrons suficientes para sintetizar os elementos sem a necessidade de explosões termonucleares e nucleares e, devido à natureza da informação, os dados e o procedimento de caracterização química e física somente foram publicados em revistas científicas a partir de 1954.

Em 1955 foi a vez do físico Mendeleev ser homenageado pela equipe de *Berkeley*, quando batizaram de Mendelévio (Z=101), o elemento que sintetizaram artificialmente, bombardeando o Einstêinio com íons de Hélio de 41MeV. A metodologia na produção deste elemento foi diferente, pois foi ativado átomo a átomo de

Einstênio[358,359,360,361,362,363,364,365,366,367].

"Na parte de trás de uma folha de Ouro, aproximadamente 10^9 átomos de 99^{253}, com meia vida de 20 dias foi eletrodepositado na área do feixe".

Em 1958 foi a vez do inventor da dinamite e criador do prêmio Nobel ser homenageado, com a descoberta do elemento de Z=102, o Nobélio. Esta

[358] Thompson, S. G.; Harvey, B. G.; Choppin, G. R.; Seaborg, G. T. (1954). Chemical Properties of Elements 99 and 100Journal of the American Chemical Society. Vol. 76 (24) pp 6229-6236.
[359] Fields, P.; Studier, M.; Mech, J.; Diamond, H.; Friedman, A.; Magnusson, L.; Huizenga, J. (1954). Additional Properties of Isotopes of Elements 99 and 100. Physical Review. Vol. 94 pp 209-210.
[360] Choppin, G. R.; Thompson, S. G.; Ghiorso, A.; Harvey, B. G. (1954). Nuclear Properties of Some Isotopes of Californium,Elements 99 and 100. Physical Review. Vol. 94 (4) pp 1080–1081.
[361] Studier, M.; Fields, P.; Diamond, H.; Mech, J.; Friedman, A.; Sellers, P.; Pyle, G.; Stevens, C. et al. (1954). Elements 99 and 100 from Pile-Irradiated Plutonium. Physical Review. Vol. 93(6) pp 1428-1428
[362] Harvey, Bernard; Thompson, Stanley; Ghiorso, Albert; Choppin, Gregory (1954). Further Production of Transcurium Nuclides by Neutron Irradiation. Physical Review. Vol. 93 (5) pp1129-1129
[363] Thompson, S. G. and Ghiorso, A.; Harvey, B. G.; Choppin, G. R. (1954). Transcurium Isotopes Produced in the Neutron Irradiation of Plutonium. Physical Review. Vol. 93 (4) pp 908- 908.
[364] Albert Ghiorso, G. Bernard Rossi, Bernard G. Harvey, Stanley G. Thompson (1954). Reactions of U-238 with Cyclotron-Produced Nitrogen Ions. Physical Review. Vol. 93 (1) pp 257-257.
[365] Fields, P.; Studier, M.; Diamond, H.; Mech, J.; Inghram, M.; Pyle, G.; Stevens, C.; Fried, S. et al. (1956). Transplutonium Elements in Thermonuclear Test Debris. Physical Review. Vol. 102 pp 180–182
[366] Ghiorso, A.; Thompson, S.; Higgins, G.; Seaborg, G.; Studier,M.; Fields, P.; Fried, S.; Diamond, H. et al. (1955). New Elements Einsteinium and Fermium, Atomic Numbers 99 and 100. Physical Review. Vol. 99 (3) pp 1048–1049.
[367] Ghiorso, A.; Harvey, B.; Choppin, G.; Thompson, S.; Seaborg, G. (1955). New Element Mendelevium, Atomic Number 101. Physical Review. Vol. 98 pp 1518-1519.

descoberta aconteceu em três laboratórios distintos e, quase simultaneamente. O Primeiro anúncio aconteceu em 1957, no *Joint Institute for Nuclear Research*, localizado na cidade de Dubna, antiga União Soviética, irradiando os isótopos Plutônio-239 e 241 com íons Oxigênio, contudo em 1969 experimentos químicos revelaram tratar-se de Itérbio, mas mesmo assim, em algumas referências podemos ainda encontrar o nome *joliotium*, proposto pelos russos para o elemento[368].

Em seguida foram os cientistas do laboratório sueco *Nobel Institute* a reivindicar a descoberta do elemento, quando bombardearam um alvo de Cúrio-244 com núcleos de carbono-13. Em seu anúncio propuseram o nome de *nobelium*, todavia, em análise mais detalhada, os próprios cientistas retiraram sua prioridade, pois identificaram que a atividade medida não se tratava de um novo elemento, mas de efeitos de radiação de fundo, ocasionado por outras radiações[369].

No ano de 1958, cientistas da Universidade da Califórnia bombardearam uma mistura isotópica de Cúrio-244 (95%) e Cúrio-246 (5%) no novo acelerador linear, com íons de Carbono-12 e 13, e obtiveram sucesso em identificar o isótopo $_{102}X^{254}$, com meia vida de cerca de 3 segundos[370].

No ano seguinte, publicam um novo trabalho anunciando o êxito em identificar o modo de decaimento, que era um dado importante e que não

---

[368] Flerov, G.N.; et al. (1959) Dokl. Akad. Nauk SSSR. Vol. 120 pp.73.
[369] Fields, P.R.; et al. (1957) Production of the New Element 102. Physical Review. Vol. 107 pp 1460-1462.
[370] Ghiorso, A.; Sikkeland, T.; Walton, J.R.; Seaborg, G.T.(1958) Element n° 102. Physical Review Letter Vol. 1 (1) 18-21.

haviam conseguido no primeiro teste, atribuída ao isótopo Nobélio-252, como podemos ver, mantiveram o nome sugerido pelos cientistas da Suécia.

Em 1961 a equipe de *Berkeley*, irradiando um alvo de Califórnio com núcleos dos isótopos de Boro-10 e 11, produzem o elemento Lawrêncio ($Z=103$), homenageando Ernest O. Lawrence, o inventor dos aceleradores cíclotrons, nome que também foi dado ao novo laboratório da Universidade da Califórnia, o *Lawrence Berkeley National Laboratory*, sendo este elemento sua primeira produção de batismo[371].

Em 1964 os cientistas soviéticos do *Joint Institute for Nuclear Research,*bombardeando em um cíclotron um alvo de Plutônio-242 com íons de Neônio-22, conseguiram sintetizar um novo elemento com número atômico 104, que eles batizaram de *Kurchatóvio*, em homenagem ao cientista russo Igor Vasilevitch Kurchatov, falecido em 1960 e que foi o grande líder da pesquisa científica soviética[372]. Acontece que os cientistas americanos de *Berkeley* também chegaram ao mesmo elemento, por meio de outra via, irradiando Califórnio-249 com íons de Carbono 12, e batizaram o mesmo elemento de *Rutherfórdio*, em homenagem à Ernest Rutherford, o pai da física nuclear[373].

Em plena guerra fria, com ogivas apontadas

[371] Ghiorso, A.; Sikkeland, T.; Larsh, A.E.; Latimer, R.M. (1961)New Element, Lawrencium, Atomic Number 103. Physical Review Letter Vol. 6 (9) pp 473-475.

[372] Flerov, G.N. et al. (1964). Physics Letter. Vol.13 pp 73

[373] Ghiorso, A.; Nurmia, M.; Harris, J.A.; Eskola, K.A.; Eskola, P.L. (1969) Positive Identification of Two Alpha-Particle- Emitting Isotopes of Element 104 Phys. Rev. Lett. Vol. 22 pp 1317-1320.

para todos os lados, a IUPAC foi consultada e sugeriu o nome de *unnilquadium (1-0-4)*, como alternativa até que as coisas melhorassem. Em 1993, a instituição publicou uma orientação oficial posicionando-se, onde a autoria da descoberta deveria ser dividida[374] e, embora tenha adotado o nome de *Rutherfórdio* em 1997[375], na Rússia e em muitas literaturas nacionais podemos ainda encontrar o nome *Kurchatóvio* para o elemento, entretanto, se observarmos as datas de primeira publicação, não restam dúvidas de quem é a prioridade.

O mesmo aconteceu com o elemento de número atômico 105, mas para compensar os russos a IUPAC decide batiza-lo *Dúbnio*, em homenagem à cidade onde está instalado o laboratório soviético, que sintetizou o elemento em 1968 bombardeando o isótopo de Amerício-243 com íons de Neônio-22[376,377].

Mas a equipe de *Berkeley* não descansa e, em

[374] Barber, R. C.; Greenwood, N. N.; Hrynkiewicz, A. Z.; Jeannin, Y. P.; Lefort, M.; Sakai, M.; Ulehla, I.; Wapstra, A. P.; Wilkinson, D. H. (1993) Discovery of the transfermium elements. Part II: Introduction to discovery profiles. Part III: Discovery profiles of the transfermium elements. Pure and Applied Chemistry. Vol. 65 (8) pp 1757–1814.
[375] Inorganic Chemistry Division-Commission on Nomenclature of Inorganic Chemistry. Names and symbols of transfermium elements (IUPAC Recommendations 1997). Pure and Applied Chemistry. Vol. 69 (12) pp 2471–2474.
[376] Ghiorso, A.; Nurmia, M.; Eskola, K.A.; Harris, J.A.; Eskola, P.L. (1970) New Element Hahnium, Atomic Number 105. Phys.Rev. Lett. Vol. 24 pp 1498-1503.
[377] Kolesov, I.V.; Plotko, V.M. (1970) Atomnaya Energiya. Vol. 29 pp 243.

1974, anuncia a descoberta de um novo elemento, resultado da irradiação de alvos feitos com o isótopo de Califórnio-249 com íons de Oxigênio-18[378].

O nome proposto pela equipe causou confusão, pois sugeriram o nome *Seabórgio*, em homenagem ao cientista que tanto contribuiu na descoberta de novos elementos, contudo a IUPAC foi contra, pois não se denomina elementos com o cientista vivo, assim, nomeou-o de *unnilhexium*[379]. Somente em 1997 a IUPAC decidiu-se em adotar o nome de seu descobridor, ganhador do prêmio Nobel de química de 1951, por descobrir justamente os elementos transurânicos, e que veio a falecer 2 anos depois, em 1999.

Nas décadas de 1980 e 1990 a equipe de físicos alemães, do *Gesellschaft für Schwerionenforschung in Darmstadt*, composta por Münzenberg, Hofmann, Heßberger, Reisdorf, Schmidt, Schneider, Schneider, Sahm e Thuma, produzem o elemento Bóhrio (Z=107) em 1981[380], o Meitnério (Z=109) em

---

[378] Ghiorso, A.; Nitschke, J.M.; Alonso, J.R.; Alonso, C.T.; Nurmia, M.; Seaborg, G.T.; Hulet, E.K.; Longhead, R.W. (1974) Element 106. Phys. Rev. Lett. Vol. 33, 1490-1493.

[379] Inorganic Chemistry Division-Commission on Nomenclature of Inorganic Chemistry. Names and symbols of transfermium elements (IUPAC Recommendations 1994). Pure and Applied Chemistry. Vol 66 pp 2419.

[380] Münzenberg, G.; Hofmann, S.; Heßberger, F. P.; Reisdorf, W.; Schmidt, K. H.; Schneider, J. H. R.; Armbruster, P.; Sahm, C. C. et al. (1981). Identification of element 107 by a correlation chains. Zeitschrift für Physik a Atoms and Nuclei Vol. 300 pp 107-108.

1982[381], o Hássio (Z=108) em 1984[382], o Darmstádtio (Z=110) em 1994[383], o Roentgênio (Z=111)[384] e o Copérnico (Z=112) em 1996[385,386].

Os dois últimos elementos sintetizados no século passado, com número atômico 114 e 116, foram produzidos respectivamente nos anos de 1998[387] e 2000[388] por um consórcio entre cientistas russos do *Joint Institute for Nuclear Researche*, do *Research Institute of Atomic Reactors*, em Dimitrovgrad, e do *State Enterprise Electrohimpribor*, em Lesnoy, com os norte-americanos da

---

[381] Münzenberg, G.; Armbruster, P.; Heßberger, F. P.; Hofmann, S.; Poppensieker, K.; Reisdorf, W.; Schneider, J. H. R.;Schneider, W. F. W. et al. (1982). Observation of one correlated a-decay in the reaction ^{58}Fe on ^{209}Bi→ ^{267}109. Zeitschrift fürPhysik a Atoms and Nuclei Vol. 309 (1) pp 89-90.

[382] Münzenberg, G.; Armbruster, P.; Folger, H.; Heßberger, P. F.; Hofmann, S.; Keller, J.; Poppensieker, K.; Reisdorf, W. et al. (1984). The identification of element 108. Zeitschrift für Physik a Atoms and Nuclei. Vol. 317 (2) pp 235-236.

[383] Hofmann, S.; Ninov, V.; Heßberger, F. P.; Armbruster, P.; Folger, H.; Mßnzenberg, G.; Schßtt, H. J.; Popeko, A. G. et al. (1995). Production and decay of ^{269}110. Zeitschrift für Physik a Hadrons and Nuclei. Vol. 350 (4) pp 277-278.

[384] Hofmann, S.; Ninov, V.; Heßberger, F. P.; Armbruster, P.; Folger, H.; Münzenberg, G.; Schött, H. J.; Popeko, A. G. et al. (1995). The new element 111. Zeitschrift für Physik a Hadrons and Nuclei. Vol. 350 pp 281-282.

[385] Hofmann, S, et al. (1996). The new element 112. Zeitschrift für Physik: A Hadrons and Nuclei. Vol. 354 (1) pp 229–230

[386] Tatsumi, Kazuyuki and Corish, John. "Name and symbol of the element with atomic number 112 (IUPAC Recommendations 2010)" *Pure and Applied Chemistry*, vol. 82, no. 3, 2010, pp. 753-755. https://doi.org/10.1351/PAC-REC-09-08-20

[387] Yeremin, A. V.; Oganessian, Yu. Ts. et al. (1999). Synthesis of nuclei of the superheavy element 114 in reactions induced by ^{48}Ca. Nature Vol. 400 (6741) pp 242.

[388] Oganessian, Yu. Ts. et al. (2000). Observation of the decay of 116^{292}. Physical Review C Vol. 63 (1) pp 011301-011302

Universidade da Califórnia e do *Lawrence Livermore National Laboratory*. No ano de 2012, quando a IUPAC celebrou o fim do Ano Internacional da Química, a entidade oficializou os nomes dos elementos como *Flerovium* ($_{114}$Fl), em homenagem ao físico russo Georgiy Flerov, e *Livermorium* ($_{116}$Lv), em referência ao laboratório norte-americano onde ocorreu a síntese[389].

No século XXI, o consórcio entre russose norte-americanos continua, e a equipe anuncia suas primeiras tentativas de sintetizar os chamados superátomos.

Assim, em 2004[390], publicaram o sucesso com o *ununtrium* (Z=113) e o *ununpentium* (Z=115). Em 2006 produziram o *ununoctium* (Z=118)[391], e neste mesmo ano a equipe publicou um outro trabalho, relatando a obtenção e os estudos realizados na caracterização dos superátomos[392,393].

Em 2010 foi anunciado pelo consórcio a

---

[389] Loss, Robert D. and Corish, John. Names and symbols of the elements with atomic numbers 114 and 116 (IUPAC Recommendations 2012) *Pure and Applied Chemistry*, vol. 84, no. 7, 2012, pp. 1669-1672. https://doi.org/10.1351/PAC-REC-11-12-03

[390] Oganessian, Yu. Ts.; Utyonkov, V.; Dmitriev, S.; Lobanov, Yu.; Itkis, M.; Polyakov, A.; Tsyganov, Yu.; Mezentsev, A. et al. (2005). Synthesis of elements 115 and 113 in the reaction ^{243}Am + ^{48}Ca. Physical Review C. Vol. 72 (3) pp 034611-034427

[391] Oganessian, Yu. T. et al. (2002). Element 118: results from the first ^{249}Cf + ^{48}Ca experiment. Communication of the Joint Institute for Nuclear Research.

[392] Oganessian, Yu. Ts. et al. (2006). Synthesis of the isotopes of elements 118 and 116 in the ^{249}Cf and ^{245}Cm+^{48}Ca fusion reactions. Physical Review. C Vol. 74 (4) pp 044602-044611.

[393] Oganessian, Yu. T. (2006). Synthesis and decay properties of superheavy elements. Pure Appl. Chem. Vol. 78 (5) pp 889–904

produção do elemento 117[394]. No ano de 2016 a IUPAC oficializou os nomes destes elementos como *Nihonium* ($_{113}$Nh); *Moscovium* ($_{115}$Mc); *Tennessine* (^{117}Ts) e *Oganesson* ($_{118}$Og)[395,396]. Outros testes foram feitos para a produção de átomos maiores, como em 1985 que tentou-se sintetizar o elemento *ununennium* (Z=119), bombardeando Einstêinio-254 com íons Cálcio-48, sem sucesso e, em 2007 na tentativa de produzir o elemento *unbinilium* (Z=120), irradiando Plutônio-244 com íons Ferro-58, produziu-se apenas reação de fissão.

Parece que, por enquanto, não chegou a hora de trazê-los ao conhecimento, mas pensando no futuro, e citando o passado com Santo Alberto Magno:

"A ciência da natureza não consiste em ratificar o que outros disseram, mas em buscar as causas dos fenômenos".

[394] Oganessian, Yu. Ts. et al. (2010) Synthesis of a New Element with Atomic Number Z=117. Phys. Rev. Lett. v. 104, issue 14, pp 142502. https://link.aps.org/doi/10.1103/PhysRevLett.104.142502

[395] Öhrström, Lars and Reedijk, Jan. "Names and symbols of the elements with atomic numbers 113, 115, 117 and 118 (IUPAC Recommendations 2016)" *Pure and Applied Chemistry*, vol. 88, no. 12, 2016, pp. 1225-1229. https://doi.org/10.1515/pac-2016-0501

[396] "Discovery and Assignment of Elements with Atomic Numbers 113, 115, 117 and 118" *Chemistry International*, vol. 38, no. 2, 2016, pp. 16-17. https://doi.org/10.1515/ci-2016-0207

ELEMENTOS QUÍMICOS NA TECNOLOGIA NUCLEAR

Vimos que, historicamente, a ciência nuclear teve início no ano de 1896, quando Becquerel descobriu que o mineral pechblenda possuía a propriedade de enegrecer um filme de emulsão de prata, quando estes dois eram deixados em contato.

Com estas descobertas deu-se um salto gigantesco nas ciências, pois novas fronteiras estavam se abrindo aos olhos dos cientistas, que perplexos e maravilhados viam nascer em suas mãos os pequenos blocos da constituição do universo, contribuindo para o nascimento de uma ciência que revolucionaria o mundo de forma visceral, em várias áreas do conhecimento, repercutindo diretamente no destino da raça humana na Terra.

Mais tarde, os sonhos dos antigos alquimistas em produzir uma substância capaz de transmutar qualquer material em Ouro torna-se parcialmente realidade, através da transmutação nuclear artificial, processo pelo qual considera que, se um átomo de um elemento qualquer é bombardeado com partículas energéticas, há a probabilidade destes últimos romperem a barreira coulombiana de repulsão e penetrar no núcleo do átomo, causando sua ruptura.

A primeira transmutação artificial foi feita no ano de 1919 por Lord Rutherford, quando apoiado nesta ideia converteu núcleos de Nitrogênio em Oxigênio, utilizando o Tório como emissor de partículas alfa:

$$_7N^{14} + {}_2He^4 \rightarrow [{}_9F^{18}] \rightarrow {}_8O^{17} + {}_1H^1$$

ou escrevemos a reação acima da forma simplificada: $N^{14}(\alpha, p)O^{17}$, onde:

$_7N^{14}$ →núcleo alvo

$_2He^4$ → partícula incidente

$[_9F^{18}]$ → núcleo composto

$_8O^{17}$ → núcleo resultante

$_1H^1$→ partícula emitida

Outras transmutações de elementos foram realizadas por Rutherford, como $B^{10}(\alpha,p)C^{13}$, $Na^{23}(\alpha,p)Mg^{26}$, $Al^{27}(\alpha,p)$ Si^{30}, entre outros[397].

O campo da transmutação nuclear, utilizando partículas provenientes de radionuclídeos naturais, era muito restrito, devido à energia e à baixa intensidade do feixe das partículas projéteis. Este fato, somado à possibilidade de provocar transmutação utilizando outros projéteis, além das partículas alfa, levaram os cientistas na década de 1934 ao desenvolvimento de máquinas capazes de acelerar núcleos carregados à altas energias.

Entre estas máquinas fantásticas, está o Multiplicador de Voltagem de Cockcroft e Walton, o Gerador de Van de Graaff, o Ciclotron de Lawrence e Livingston, o Sincrotron e o Cosmotron.

Portanto, utilizando partículas alfa, prótons, dêuterons, nêutrons e raios gama como projéteis e, um alvo de Alumínio-27, os aceleradores produziam Radioisótopos diferentes, para diversas aplicações,

---

397 Obras citadas anteriormente.

como pode ser visto nas reações abaixo:

$$Al^{27}(\alpha,n)P^{30}; \qquad Al^{27}(p,\alpha)Mg^{24}; \qquad Al^{27}(d,\alpha)Mg^{25};$$
$$Al^{27}(n,\gamma)Al^{28}; \quad Al^{27}(\gamma,n)Al^{26}$$

Aristóteles disse que *"As ciências tem as raízes amargas, porém seus frutos são doces"*, e a utilização de aceleradores propiciou um outro grande avanço na ciência, e seus frutos são sentidos em áreas importantes da vida humana, como por exemplo na área da saúde, onde são produzidos radiofármacos destinados ao alívio de dores ocasionadas por metástases, além de pesquisas em física básica e aplicada.

ATIVAÇÃO COM NÊUTRONS[398]

Com a descoberta do nêutron, a investigação da estrutura interna da matéria poderia ser feita e, graças à sua peculiaridade de não possuir carga elétrica, esta partícula vence a barreira de potencial do núcleo, induzindo reações importantes.

Uma destas reações é aquela onde um núcleo massivo absorve um nêutron e fissiona-se em outros dois elementos. É o caso do átomo de Urânio quando absorve um nêutron térmico, provocando a conhecida fissão de seu núcleo.

A descoberta dos elementos chamados transurânicos foi possível depois da descoberta do

---

[398] IAEA-TecDoc-1215. (2001) Use of research reactors for neutron activation analysis. Report of an Advisory Group meeting held in Vienna.

controle da reação de fissão em cadeia, possibilitando a construção dos reatores nucleares. Com estes reatores produzindo grande quantidade de nêutrons de várias energias, dispositivos e equipamentos de diversos tipos, para diversas aplicações, foram idealizados e colocados à disposição dos cientistas, das empresas e, por fim, da população, que recebe os benefícios do trabalho de pessoas que, em alguns casos, levam décadas para chegar à conclusão de seus trabalhos. É o caso da descoberta da radiação eletromagnética de microondas pelo físico escocês James Clerk Maxwell em 1864, no qual teve sua primeira aplicação em projetos de radar nos anos da II Grande Guerra e, posteriormente, a criação de uma patente em 1946 de um eletrodoméstico que utiliza esta radiação para preparar alimentos.

A análise por ativação com nêutrons é uma técnica analítica que consiste, basicamente, no bombardeamento de uma amostra por nêutrons térmicos oriundos de reatores nucleares, seguido da medida da radioatividade induzida. Esta radioatividade é medida através da espectrometria dos raios gama emitidos na reação nuclear, que são característicos para cada radioisótopo, ou seja, cada radioisótopo produzido pela interação do elemento químico com o nêutron, possui características de meia vida $(T\frac{1}{2})$ e energia da radiação gama emitidas próprias, o que viabiliza e possibilita efetuar análises quantitativas da concentração dos elementos químicos com grande acurácia, por meio de comparação da leitura da amostra com padrões.

O campo de aplicação desta técnica é vasto, e há campos de trabalho na ciência básica e aplicada, pois apresenta uma sensibilidade muito alta em termos de detecção de elementos traços, sendo capaz de determinar concentrações da ordem de partes por bilhão (ppb) ou menor.

Para elementos como Disprósio e Manganês, entre outros, a sensibilidade de detecção é da ordem de picograma (10^{-12} g). Para a Prata, Bromo, Cloro, Cobalto, Cobre, Alumínio, Bário, Cádmio, Mercúrio, Sódio, Níquel, Bismuto, Cálcio, Potássio, Magnésio, Fósforo, entre outros, a detecção é da ordem de nanograma (10^{-9} g). Para Flúor, Ferro, Chumbo, Enxofre, entre outros, a sensibilidade de detecção é da ordem de miligrama (10^{-3} g).

Entre as áreas de aplicações do método destaca-se a Arqueologia, Bioquímica, Investigações Forenses, nos estudos Geológicos e Geofísicos, etc.

RADIOFÁRMACOS E TERAPIAS COM ELEMENTOS QUÍMICOS

Desde a descoberta da fissão nuclear, o mundo tem se perguntado se é realmente importante a pesquisa e o desenvolvimento desta tecnologia.

As mídias atuais vêm relatando nos últimos tempos o perigo de um conflito atômico pois, cada vez mais países querem deter a tecnologia do enriquecimento de Urânio, principalmente para fins bélicos.

Um lado que é pouco abordado pelos meios de comunicação de massa e, quase desconhecido pela grande maioria da população em geral, é o lado pacífico da tecnologia nuclear, sua aplicação social e de qualidade de vida.

Até poucos anos atrás, a palavra câncer era proibida de se dizer, era tratada como "aquela doença" e quem viesse a desenvolver qualquer tipo de câncer, estava condenada a expiação através de dores inexprimíveis e, inexoravelmente à morte.

Hoje em dia, quando a dor ocasionada por metástases ósseas de pacientes portadores de câncer de mama, próstata e pulmão alcança o insuportável, uma tecnologia dominada no Brasil e desenvolvida no Instituto de Pesquisas Energéticas e Nucleares da Universidade de São Paulo (IPEN-CNEN/SP) é a melhor forma de proporcionar uma melhor qualidade de vida dos pacientes, aliviando a dor. O Samário-153 é um dos muitos radiofármacos produzidos no reator nuclear de pesquisa do IPEN e, desde 1995, está disponível para pacientes com este mal. A simplicidade do tratamento dispensa o uso de equipamentos especiais, pois a substância é ministrada por via endovenosa e o paciente não necessita de internação clínica.

Por definição, radiofármacos são substâncias que apresentam um elemento radioativo específico ligado em sua molécula. Dentre os mais utilizados, pode-se destacar o Iodo-123, usado para o diagnóstico de disfunções da tireóide; o Flúor-18, utilizado em equipamentos de imagem PET (tomografia por emissão de pósitrons) e SPECT (tomografia computadorizada por emissão de fóton único); o Tecnécio-99m, usado em cintilografia cardíaca; o Gálio–67, aplicado em estudos de infecção e em Oncologia; o Xenônio-133 e Criptônio-81m, gases nobres radioativos usados na cintigrafia de ventilação pulmonar. Além destes há ainda o Iodo-131, o Samário-153, o Rênio-186 e 188,

Estrôncio-89, Estanho-117m, Ítrio-90, Hólmio-166 e o Disprósio-165.

Uma outra técnica nuclear de tratamento é a que utiliza o elemento Boro e nêutrons térmicos, oriundos de um reator nuclear. Este tratamento é conhecido como Terapia por Captura de Nêutrons pelo Boro (BNCT na sigla em inglês) e utiliza um composto contendo o Boro, enriquecido em seu isótopo 10, que é injetado no tecido com tumor. Após um tempo suficiente para que a substância se aloje no alvo, o paciente é conduzido à uma fonte de baixíssima intensidade de nêutrons térmicos, onde ficará exposto.

A base desta teoria é a reação nuclear entre o Boro e o nêutron térmico, cujo núcleo emite uma partícula alfa, que graças à sua alta energia destrói o tecido tumoral e devido seu baixo alcance, não afeta os tecidos vizinhos sãos.

SISTEMAS DE IMAGEAMENTO COM NÊUTRONS

A técnica da radiografia foi inventada por Röntgen, em 1895, e é baseada na interação do raio-X com os grãos de Prata que compõe um filme convencional. Todos os tipos de radiação ionizante enegrecem estes filmes, pela transferência de energia cinética ao meio e, até 1932 somente eram utilizados como radiação ionizante a luz visível, raios gama, raios-X, etc.

No caso da aplicação do nêutron como partícula de prova em radiografia, torna-se necessário utilizar certos materiais que transformem a radiação neutrônica em outra radiação ionizante, capaz assim de sensibilizar um filme. Estes materiais são fabricados na forma de finas telas, confeccionadas a base de elementos químicos como o Gadolínio, Lítio, Boro e Disprósio.

O nêutron, oriundo de uma fonte de radiação, que pode ser um reator nuclear, um radioisótopo ou um acelerador, interage com o átomo alvo formando um núcleo composto, que decai emitindo uma partícula (alfa, beta, próton ou fragmento de fissão), ou radiação eletromagnética.

Abaixo estão representadas algumas reações nucleares entre os elementos constituintes destas telas com o nêutron e, o produto responsável pela sensibilização do filme.

$$_{64}Gd^{157} + _{0}n^1 \rightarrow [\, _{64}Gd^{158}\,] \rightarrow _{64}Gd^{158} + \gamma$$
$$_{3}Li^6 + _{0}n^1 \rightarrow [\, _{3}Li^7\,] \rightarrow _{1}H^3 + _{2}He^4$$
$$_{5}B^{10} + _{0}n^1 \rightarrow [\, _{5}B^{11}\,] \rightarrow _{3}Li^7 + _{2}He^4$$
$$_{66}Dy^{164} + _{0}n^1 \rightarrow [_{66}Dy^{165}\,] + \gamma \rightarrow [_{67}Ho^{165}] + \beta^-$$

Também são utilizadas telas conversoras chamadas de cintiladoras, neste caso o material é composto por uma mistura de elementos como Lítio, Flúor, Zinco, Enxofre, Cobre, Alumínio e Ouro.

O princípio de funcionamento é uma reação nuclear do tipo $Li^6(n,\alpha)H^3$, onde a partícula alfa gerada na reação interage com o composto de sulfeto de zinco (ZnS) presente no conjunto que forma a tela cintiladora, e o produto desta reação é uma fluorescência. Esta luz gerada, por sua vez, é capturada por uma câmera de vídeo e, o conjunto dos pontos luminosos forma uma imagem radiográfica digital bidimensional, contudo com os recursos computacionais desenvolvidos na última década, pode-se também obter imagens tridimensionais, técnica conhecida como tomografia com nêutrons.

A fim de se obter uma imagem de ótima qualidade em termos de contraste óptico e resolução, deve-se utilizar fontes intensas de nêutrons, e a melhor entre as citadas acima, são os reatores nucleares, que utilizam o elemento Urânio, enriquecido em seu isótopo 235, como combustível nuclear, segundo a seguinte reação:

$$_{92}U^{235} + _{0}n^{1} \rightarrow [\,_{92}U^{236}\,] \rightarrow _{56}Ba^{141} + _{36}Kr^{92} + 3\,_{0}n^{1}$$

Os nêutrons emergem desta reação com energia altíssima, da ordem de milhões de elétron Volts (MeV), inviável para esta aplicação pois, a reação entre os elementos constituintes das telas conversoras em geral e o nêutron, somente acontecem se este possuir energia da ordem de milionésimos de elétron Volt (meV), devido a uma grandeza conhecida por seção de choque, que não vamos entrar no mérito e descreve-la, pois não é o intento deste trabalho, mas seu estudo é interessante e reservamo-nos a indicação das referências 329 e 330.

Para perder sua energia, de modo a ser utilizado como partícula de prova, utiliza-se a técnica de transferência de energia entre o projétil e o alvo, neste caso, átomos de Hidrogênio da água utilizada como meio refrigerador e moderador do núcleo. Em cada choque o nêutron transfere parte de sua energia para o meio, até entrar em equilíbrio térmico com a água, ou seja 0,025 eV, daí vem a designação de "nêutron térmico".

Devido à alta sensibilidade do nêutron para materiais hidrogenados, bem como para elementos que apresentam uma alta secção de choque de absorção, como o Cádmio, Gadolínio, Boro, entre outros, esta técnica encontra grande aplicabilidade em segmentos como indústrias petrolíferas, aeroespacial e aeronáutica, células combustíveis, medicina, biologia, automobilísticos, etc.

No Brasil, as atividades referentes à técnica da radiografia com nêutrons, iniciou-se na Divisão de Física Nuclear do Instituto de Pesquisas Energéticas e Nucleares (IPEN/CNEN-SP) em meados de 1985, depois de realizados alguns estudos preliminares da viabilidade de se obter radiografias em polímeros, quando irradiados com nêutrons, oriundos do reator nuclear de pesquisas IEA-R1.

Técnica inédita no Brasil e na América Latina até então, o feixe utilizado proporcionou os primeiros dados de caracterização do método em polímeros (Detetores de Traços Nucleares de Estado Sólido-SSNTD) e filmes convencionais de emulsão[399,400].

Entre 1984 e 1991, vários trabalhos foram realizados pelo grupo, construindo um amplo e

---

[399] de Moraes, M.A.P.V; Pugliesi, R; Khouri, M.T.F.C. (1985) Determinacao de boro em soluções aquosas, empregando umfeixe de nêutrons filtrado, pela técnica do registro de tracos.Publicação Ipen, ipen/cnen/ s.p.ep, Vol. 86.
[400] Pugliesi, R; de Moraes, M.A.P.V. (1987) Aspectos qualitativos da neutrongrafia pela tecnica do registro de tracos. Ciência e Cultura, São paulo, Vol. 39, n. 8, pp 772-774.

sólido *Know-how* acerca da obtenção e processamento de radiografias e de desenvolvimento de equipamentos otimizados para as diversas aplicações que se propunham a realizar[401,402,403,404,405,406,407,408,409,410].

[401] Pugliesi, R; de Moraes, M.A.P.V; Yamazaki, I.M; Acosta, C.F (1988) Neutrongraphy experiments at the IEA-R1 nuclear research reactor. 1095-97 p. Paper presented at the international conference on nuclear data for science and technology, Mito, Japan, May 30-June 03.

[402] Pugliesi, R; Yamazaki, I.M; Assunção, M.P.M (1989) Radiografia com nêutrons: aplicação na inspeção de materiais hidrogenados. 3o. Workshop de Combustão e Propulsão, 28-30 de novembro, Lorena, SP.

[403] Pugliesi, R; de Moraes, M.A.P.V; Yamazaki, I.M. (1990) Characteristics of some track detectors applied for neutron radiography. Int. J. Radiat. Appl. Instrum. Part A. Appl. Radiat. Isot. Vol. 41 (6) pp 601-605.

[404] Pugliesi, R; Meneses, M.O; Assunção, M.P.M. (1992) Detection of aluminium corrosion products by neutron radiography. Int. J. Radiat. Appl. Instrum. Part A Applied Radiation Isotopes. Vol. 43 (5) pp 663-665.

[405] Assunção, Marlete Pereira Meira. (1992) Desenvolvimento da Técnica de radiografia com nêutrons pelo método do registro de traços nucleares. Tese de Mestrado. São Paulo – USP. 86p.

[406] Meneses, M.O. (1994). Desenvolvimento e aplicação da Técnica da Radiografia com nêutrons por conversão direta eindireta. Dissertação de Mestrado. Comissão Nacional de Energia Nuclear, IPEN-CNEN/SP.

[407] Stanojev Pereira, M. A. (2000). Emprego dos Policarbonatos Makrofol-DE e CR-39 em Radiografia com Neutrons Dissertação de Mestrado. Comissão Nacional de Energia Nuclear, IPEN-CNEN/SP.

[408] Andrade, M.L.G. (2002) Caracterização de sistemas filme – conversor para radiografia com nêutrons. Dissertação de Mestrado. Comissão Nacional de Energia Nuclear, IPEN- CNEN/SP.

[409] Meneses, M.O (2000). Radiografia com Neutrons em Tempo Real. Tese de Doutorado. Comissão Nacional de Energia Nuclear, IPEN-CNEN/SP

[410] Meneses, M.O.; Pugliesi, R.; Stanojev Pereira, M. A. and Andrade, M. L. G. (2003) Real-Time Neutron Radiography atthe IEA-R1m Nuclear Research Reactor. Braz. J. Phys. Vol.33 no.2.

Em 2014 o equipamento foi instalado em um novo canal, do mesmo reator, com um fluxo de nêutrons mais intenso, possibilitando a obtenção de radiografias e tomografias com melhor qualidade e em menor tempo[411,412].

Um equipamento para imageamento com nêutrons deve levar em consideração vários fatores de projeto, como o emprego de certos elementos químicos que são importantes para sua operação e segurança dos trabalhadores.

Neste sentido, a utilização dos metais Bismuto e Chumbo na forma de filtros são necessários para minimizar a radiação gama que acompanha o feixe de nêutrons.

Para o controle, ajuste, e conversão do nêutron em outra radiação capaz de sensibilizar um filme de emulsão ou polímero, ou ainda formar uma imagem luminosa para que uma câmera digital a capture, utiliza-se os elementos Boro, Cádmio, Índio, Gadolínio, Disprósio, etc., puros na forma de placas, e Lítio, Enxofre e Zinco, etc., na forma de compostos.

A estrutura do equipamento também deve ser muito bem estudada, e o material deve ser tal que, exposto ao feixe de nêutrons não fique ativado, assim, estruturas de Ferro e aço devem ser evitados,

[411] Stanojev Pereira, M.A.; Schoueri, R.; Domienikan, C.; Toledo, F.; Andrade, M.L.G.; Pugliesi, R. The neutron tomography facility of IPEN-CNEN/SP and its potential to investigate ceramic objects from the Brazilian cultural heritage. Applied Radiation and Isotopes, 75, 2013, 6-10.
[412] Schoueri, R.; Domienikan, C.; Toledo, F.; Andrade, M.L.G.; Stanojev Pereira, M.A.; Pugliesi, R. *The new facility for neutron tomography of IPEN-CNEN/SP and its potential to investigate hydrogenous substances.* Applied Radiation and Isotopes, 84, (2014), 22-26.

mas o Alumínio pode ser empregado com tranquilidade pois, sua secção de choque de absorção é baixíssima, sendo transparente para nêutrons.

Com o novo equipamento instalado, o grupo vem auxiliando o desenvolvimento de vários seguimentos das ciências e indústria, bem como proporcionando a formação de pessoal técnico-científico nas áreas afins[413].

Figura 9 – Emprego da tomografia com nêutrons no estudo da presença de Cobre no minério Crisocola. a) fotografia da amostra; b) imagem 3D; c) imagem 3D da localização do Cobre na amostra, em vermelho; d) fatia da amostra com 280 micras de espessura, ilustrando a presença do Cobre e vazios.

[413] Stanojev Pereira, M.A. Imageamento com Nêutrons: 30 anos de atividades no IPEN-CNEN-SP. Sagitarius Ed. São Paulo, 2017, ISBN 978-85-923404-1-4.
Disponível online em: https://www.ipen.br/biblioteca/slr/cel/1062.

DIFRAÇÃO COM NÊUTRONS[414]

Com os avanços da nano tecnologia, os campos de investigação para se determinar a estrutura de materiais, em diversos setores do conhecimento, entre os quais: física (matéria condensada, nuclear e de reatores); química (caracterizações, estruturas moleculares complexas, polímeros e coloides); engenharia de materiais (texturas, tensões residuais, desgastes, estudos de superfícies, cristais e de supercondutores); biologia e medicina (proteínas, estudos de DNA, membranas, tecidos e macromoléculas); aplicações industriais (desenvolvimento de processos e ensaios não destrutivos) e outras, vem crescendo em interesse técnico e académico[415].

Existem hoje disponíveis algumas técnicas que auxiliam os investigadores no estudo da estrutura cristalina de materiais, como a técnica da difratometria. Nesta técnica, pode-se utilizar feixes de raios-X, de elétrons, lasers ou de nêutrons térmicos como radiação penetrante.

A proposta de se estudar a estrutura cristalina de materiais foi sugerida por M. von Laue, em 1912, dezessete anos após Röntgen ter descoberto o raio-X. Von Laue observou que, por possuir a mesma natureza da luz visível, o feixe de raios-X poderia ser difratado por um retículo cristalino, com dimensões da mesma ordem de grandeza dos comprimentos de

---

[414] Dahlborg, U. (1991) Physics and Chemistry of Materials from Neutron Diffraction and Spectroscopy. Physica Scripta. Vol. 44 pp 11-26.
[415] Kockelmann, W.; Kirfel, A. (2006) Neutron Diffraction imaging of Cultural Heritage Objects. Archeometriai Műhely.pp 2-15.

onda da radiação-X.

Utilizando pela primeira vez a técnica de difração, Friedrich, assistente de Sommerfeld e Knipping, assistente de von Laue, comprovaram a hipótese deste último e, em 1913, W. L. Bragg e von Laue, obtiveram a estrutura dos cristais de NaCl (cloreto de Sódio), KCl (cloreto de Potássio), KBr (brometo de Potássio) e KI (iodeto de Potássio), utilizando a técnica de difração por raios-X.

Com a construção do primeiro difratômetro de nêutrons na década de 1940, a técnica associada ao instrumento mostrou ser essencial na elucidação de alguns pontos deixados em aberto em muitas estruturas que haviam sido anteriormente determinadas com o emprego de raios-X.

Embora sejam técnicas similares, existem diferenças fundamentais entre a difração de nêutrons e a de raios-X. Estas diferenças são devidas, essencialmente, ao modo de interação da radiação com a matéria.

Enquanto os fótons interagem com os elétrons orbitais do núcleo atômico, a interação dos nêutrons com o núcleo pode ocorrer por dois processos: nuclear e magnético. Neste último caso, a interação se dá entre o momento magnético do nêutron e o momento magnético do núcleo.

Algumas investigações típicas realizadas com instrumentos de difração de nêutrons são: medida de espectro neutrônico emergente de um reator nuclear; determinação da secção de choque dos materiais; estudos sobre estruturas atômicas, moleculares e magnéticas; acompanhamentos dos processos de fabricação industrial, como: controle de pureza, textura, tensão residual, desgaste e fadiga dos materiais e componentes mecânicos; estudos sobre cinética química e metalúrgica; verificações de transição de fase e ponto crítico; investigações sobre estruturas dos líquidos, pesquisas com materiais amorfos e gases, etc.

ESTUDOS PRÁTICOS DE ALGUNS ELEMENTOS QUÍMICOS

Este capítulo tem o objetivo de apresentar práticas de laboratório para o estudo de certas características de alguns elementos químicos.

Todas os experimentos aqui propostos foram realizados em um laboratório escolar do Curso de Ensino Médio, e nos laboratórios da Universidade, mais equipado, sempre observando os mesmos resultados. Além destes experimentos, também pode-se repetir os experimentos feitos pelos descobridores dos elementos, citados anteriormente e, um deles que reproduzimos foi a preparação do Iodo, Sódio e Potássio, com bons resultados.

Há no mercado uma grande quantidade de livros de práticas em química, em todos os seus ramos, e isso é importante pois dá ao professor uma gama diversificada de abordagens práticas, fator fundamental no ensino da química.

Também é interessante trabalhar e demonstrar aos alunos a obtenção de alguns elementos a partir de seus minérios, obtendo os óxidos e em alguns casos o próprio elemento, se a infraestrutura laboratorial permitirem. É o caso da bauxita, minérios de Ferro, e até mesmo o Silício, a partir da mica ou sílex.

HIDROGÊNIO

O Hidrogênio não existe em liberdade na natureza. Exceto aqueles oriundos das emanações vulcânicas e, nas fermentações e decomposição de corpos orgânicos. Sua maior incidência é combinado com o Oxigênio formando a água, e com o Carbono, formando todas as substâncias estudadas pela química orgânica.

O Hidrogênio é um gás altamente inflamável, é incolor, inodoro e insípido. Liquefaz-se à −140°C sob uma pressão de 600atm, e densidade absoluta 0,08235 Kg/m^3 (101,325 kPa a 25°C).

Por esta característica o gás foi usado nas experiências com o dirigível Zeppelin e pela sua alta inflamabilidade, o balão incendiou-se matando centenas de pessoas.

No laboratório químico escolar, são várias as possibilidades de obtenção e, abaixo são citadas algumas.

A) PREPARAÇÃO DO HIDROGÊNIO

Esta prática tem por objetivo preparar o Hidrogênio em escala de laboratório e estudar algumas de suas propriedades.

Para a obtenção do gás, pode-se montar um aparelho conforme o esquema abaixo ou a critério do professor.

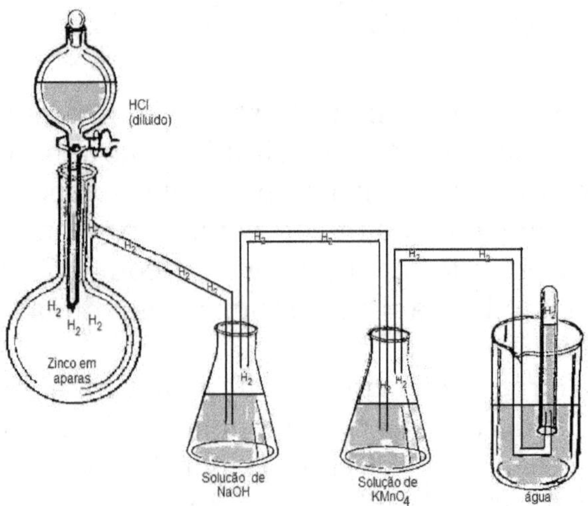

Figura 10 – Equipamento de laboratório para obtençãodo gás Hidrogênio

Dentro do balão, colocar o metal e no funil de decantação, o ácido clorídrico, o qual deve ser adicionado gota a gota. O Hidrogênio é produzido, quando faz-se reagir um metal mais eletropositivo que o Hidrogênio (menos nobre), com um ácido (comportando-se na reação como um não oxidante.

$$2HCl + Zn^o \rightarrow ZnCl_2 + H_2\uparrow$$
$$H_2SO_4 + Zn^o \rightarrow ZnSO_4 + H_2\uparrow$$

Há desprendimento de Hidrogênio conforme as reações acima e o mesmo, após ser purificado, deverá ser recolhido em tubos de ensaio por deslocamento da água contida no tubo, sendo este recolhimento feito de acordo com o esquema de aparelhagem apresentada acima. Deve-se notar que no início, o gás resultante vem acompanhado do ar contido no balão.

Uma vez recolhido o gás, podemos passar a alguns testes simples para estudar suas propriedades.

B) RECONHECIMENTO DO HIDROGÊNIO

Deve-se levar a chama de um palito de Fósforo junto ao tubo de ensaio que contém Hidrogênio. Um estampido característico e uma rápida chama azulada prova a existência do Hidrogênio, assim como seu poder combustível.

O Hidrogênio é o mais leve dentre os gases. Sua densidade, em relação ao ar é 1/14. Podemos provar e reconhecer que o Hidrogênio é mais leve que o ar, enchendo um balão com o gás produzido na experiência e, por meio de um barbante amarrado em sua saída, deixarmos em suspensão no ar.

C) PODER REDUTOR DO HIDROGÊNIO

Colocamos 1ml de permanganato de potássio diluído (0,1 mol/L) em um tubo de ensaio. Juntar 1 ml de solução diluída de ácido sulfúrico e Ferro em pó. Aquecer com leve agitação e observar.

Existem outras formas de obtenção do Hidrogênio em laboratório e, as mais utilizadas são: Decomposição eletrolítica da água acidulada com ácido sulfúrico; Reação de metais alcalinos com água, como o Sódio metálico; Reação de metais anfóteros com solução de bases fortes, juntando limalhas de alumínio num tubo de ensaio contendo solução de hidróxido de sódio e testar o gás libertado com um palito de fósforo.

GRUPO IIA

Fazem parte deste grupo os elementos Berílio, Magnésio, Cálcio, Estrôncio, Bário e Rádio.

A) MAGNÉSIO

Serão necessários aparas de Magnésio metálico, mármore em pó ($CaCO_3$), solução de fenolftaleína, pinça metálica, vidro de relógio, bico de Bunsen, cadinho de porcelana, tubos de ensaio, tripé e triângulo de porcelana.

Primeiramente devemos preparar o óxido de Magnésio, para tal deve-se aquecer uma pequena apara de Magnésio, segurando-o com a pinça metálica, e sobre o vidro de relógio. Devido à grande luminosidade que emite, evite olhar diretamente a reação, que escrevemos da seguinte maneira:

$$2\,Mg + O_2 \xrightarrow{\ \Delta\ } 2MgO$$

Com este produto de reação, conhecida antigamente por *magnésia alba*, preparamos o hidróxido de magnésio colocando o pó formado na reação em um tubo de ensaio com cerca de 2/3 de água e agitando vigorosamente. Para verificar a formação da base, adicione algumas gotas de fenolftaleína e observe a coloração da solução. A reação ocorrida é escrita daseguinte forma

$$MgO + H_2O \rightarrow Mg(OH)_2$$

B) CÁLCIO

O Cálcio metálico pode ser preparado por eletrólise do cloreto de cálcio fundido.

No cadinho de porcelana, juntar uma pequena porção de mármore reduzido a pó e colocá-lo para aquecer, apoiado sobre o tripé e o triângulo de porcelana.

A reação de decomposição do carbonato de cálcio é escrita da seguinte forma:

$$CaCo_3 \xrightarrow{\Delta} CaO + H_2O\uparrow$$

Após o cadinho esfriar, podemos testar a formação do hidróxido, a partir do óxido obtido, para isso, basta pegar uma pequena porção do CaO formado no cadinho, deposita-lo no tubo de ensaio e adicionar água. Homogeneizar bem e gotejar fenolftaleína. Como anteriormente, observe a coloração final.

$$CaO + H_2O \rightarrow Ca(OH)_2$$

O cálcio metálico pode também ser preparado por eletrólise do cloreto de cálcio fundido.

GRUPO IIIA

Fazem parte deste grupo os elementos Boro, Alumínio, Gálio, Índio e Tálio.

Para este estudo, serão necessários os seguintes reagentes: Bórax ($Na_2B_4O_7.10H_2O$), aparas de Alumínio metálico, solução à 10% (v/v) de HCl, solução à 10% (m/v) de NaOH, papel indicador de tornassol vermelho e azul. As vidrarias são: duas buretas de 5ml, três tubos de ensaio médio, dois Béqueres de 50 ml e cuba com gelo.

A) BORO

Inicialmente, prepara-se o ácido bórico a partir do bórax, mineral composto de fórmula ($Na_2B_4O_7.10H_2O$).

Em um béquer de 50 ml, pese cerca de 3g de bórax e adicione 40 ml de água destilada, agite sob aquecimento até que o borax se dissolva. Com o papel indicador, teste a solução, verificando o carácter de pH. Anote o resultado e adicione lentamente 2 ml de solução de HCl (0,5 Mol/L), resfriando a solução em seguida em uma cuba com gelo. Neste passo, poderá ser observado cristais de ácido bórico (H_3BO_3) que se formam. Neste momento, teste novamente a solução com papel tornassol azul. Observe e anote. Daí em diante pode-se aplicar a técnica utilizada por Gay-Lussac e Thenard para se obter o Boro (ref.116).

B) ALUMÍNIO

Coloque em um tubo de ensaio, cercade 2ml da solução de HCl e em outro, a mesma quantidade de solução de NaOH. Insira em cada um dos tubos um pequeno pedaço de apara de Alumínio. Observe a reação e anote.

O sulfato de Alumínio $(Al_2(SO_4)_3.18H_2O)$, pode ser obtido dissolvendo hidróxido de alumínio ou bauxita em ácido sulfúrico, segundo areação:

$$2Al(OH)_3 + 3H_2SO_4 + 12H_2O \longrightarrow Al_2(SO_4)_3.18H_2O$$

É empregado para purificar a água, e pode ser testado em sala de aula dissolvendo um pouco de terra em água neutra ou ligeiramente alcalina, até deixa-la turva, adicionando posteriormente o sulfato de Alumínio. Observe e anote.

GRUPO IVA

Fazem parte deste grupo os elementos Carbono, Silício, Germânio, Estanho e Chumbo.

Para este estudo, serão necessários materiais como Açúcar, Solução de HCl 6M, Ácido sulfúrico concentrado, Solução concentrada de NaOH, Solução diluída de NaOH, Carbonato de cálcio, Carbonato de Sódio, Fenolftaleína, Solução de $Ba(OH)_2$, 2 béqueres de 100 ml, kitassato, tubos de ensaio, cadinho e pipeta.

A) CARBONO

Neste procedimento, obtém-se o Carbono a partir do açúcar comum. Para isso, coloque em um cadinho aproximadamente 5g de açúcar e, em seguida, adicione 1 ou 2 ml de ácido sulfúrico concentrado. Espere alguns segundos e veja a rápida formação de uma massa negra de Carbono e o desprendimento de vapor d´água em uma reação extremamente exotérmica. O ácido sulfúrico é um agente desidratante tão forte que consegue facilmente retirar a água do açúcar.

$$C_6H_{12}O_6 + H_2SO_4 \longrightarrow 6C + 7H_2O + SO_2 + \tfrac{1}{2}O_2$$

B) PROPRIEDADE REDUTORA DO CARBONO:

Adicione cerca de 2 ml de ácido sulfúrico concentrado sobre o carvão obtido e aqueça-o. O Carbono se oxida e reduz o Enxofre do ácido:

$$C + H_2SO_4 \longrightarrow CO_2 + 2SO_2 + 2H_2O$$

C) PREPARAÇÃO DE DIÓXIDO DE CARBONO:

Anexe um tubo de vidro à saída lateral de um kitassato contendo 5g de carbonato de cálcio e 2 ml de água destilada. Adicione 10 ml de solução de HCl e feche rapidamente a boca do kitassato com uma rolha. Coloque a extremidade do tubo lateral em um béquer contendo água. Isso fará borbulhar o gás obtido na reação:

$$CaCO_3 + 2HCl \longrightarrow CaCl_2 + H_2O + CO_{2\,(g)}$$

D) ALGUMAS PROPRIEDADES DO DIÓXIDO DE CARBONO:

Coloque num tubo de ensaio 5 ml de água destilada e 1 gota de solução de NaOH diluída. Junte 1 gota de fenolftaleína e agite. Soprando com uma pipeta, faça borbulhar CO_2 no tubo durante alguns minutos. Repita a operação fazendo borbulhar o gás da experiência acima. Compare e conclua. A reação que ocorre é a seguinte:

$$NaOH_{(aq)} + CO_2 \longrightarrow NaHCO_3$$

Faça borbulhar o CO_2 num tubo de ensaio contendo uma solução de $Ba(OH)_2$:

$$CO_2 + Ba(OH)_2 \longrightarrow BaCO_{3\,(s)} + H_2O$$

O $Ba(OH)_2$ é um sólido branco insolúvel em água, e precipita-se. Mantendo o borbulhamento do gás por algum tempo, o precipitado branco tende a desaparecer, pois haverá a formação do bicarbonato de Bário, que é solúvel em água:

$$CO_2 + BaCO_3 + H_2O \longrightarrow Ba(HCO_3)_{2\,(aq)}$$

O carbonato de sódio apresenta o mesmo comportamento e, para esta verificação, coloque em um tubo de ensaio 3ml de solução de carbonato de sódio e 1 gota de fenolftaleína. Faça borbulhar o CO_2 no tubo durante alguns minutos. Afira o pH resultante, compare e conclua.

$$Na_2CO_3 + H_2O + CO_2 \longrightarrow 2NaHCO_3$$

GRUPO VA

Fazem parte deste grupo os elementos Nitrogênio, Fósforo, Arsênio, Antimônio e Bismuto.

Para este estudo é necessário cloreto de amônio sólido, hidróxido de Sódio, solução de amônia (NH_4OH) 0,5 mol/L, solução de nitrato de Mercúrio II 0,5 mol/L, solução de sulfato de Cobre II 0,5 mol/L, solução de fenolftaleína, reagente de Nessler ($[HgI_4]^{2-}$), Solução de permanganato de Potássio a 0,5 mol/L, sulfato de amônio sólido, tubos de ensaio e balão de fundo chato de 250 ml.

A) OBTENÇÃO DA AMÔNIA:

Misture em um balão 16,2 gramas de hidróxido de sódio e 30 g de cloreto de amônio em 120 ml de água destilada. Teste o pH da solução e anote. Conecte ao balão um tubo de vidro fixado em uma rolha, de modo que a saída de gás seja estreita. Aqueça lentamente a mistura e verifique se há liberação de gás amônia no tubo. Adapte uma mangueira neste tubo de saída, colocando na outra ponta da mangueira outro tubo de vidro, de forma que possa manejar livremente a saída do gás. Coloque esta extremidade mergulhada em um copo becker com água destilada e deixe o gás borbulhar.

A reação que ocorre é a seguinte:

$$NH_4Cl + NaOH \longrightarrow NaCl + NH_{3(g)} + H_2O$$

B) IDENTIFICAÇÃO DA AMÔNIA:

Em todos os ensaios, utilize um padrão feito com a solução de hidróxido de amônia (0,5 Mol/l) e a que foi preparada no laboratório. Pode ser feito também, um ensaio de controle de qualidade para determinar a concentração da solução preparada, através da volumetria.

- Coloque em um tubo de ensaio 2 ml de solução de amônia e 5 gotas de nitrato deMercúrio II. Agite e observe o resultado.

$$Hg(NO_3)_2 + 2NH_4OH \longrightarrow Hg(NH_3)_2(NO_3)_2 + 2H_2O$$

- Em um tubo de ensaio coloque cerca de 2 ml de solução de sulfato de Cobre II. Adicione algumas gotas da solução de amônia (o resultado dependerá da concentração que conseguiu obter). Agite e observe o resultado e o precipitado.

$$CuSO_4 + 2NH_4OH \longrightarrow Cu(OH)_2 + (NH_4)_2SO_4$$

- Misture num tubo de ensaio 2 ml de solução de permanganato de Potássio e de 3ml a 5ml de solução de amônia. Aqueça suavemente e observe a coloração:

$$KMnO_4 + NH_4OH \xrightarrow{\Delta} MnO_2 + \tfrac{1}{2}N_2 + KOH + 2H_2O$$

O ensaio com o reativo de Nessler é utilizado na identificação da potabilidade da água, indicando a presença do amoníaco. Para este teste, adicione na solução de amônia 1 ou 2 gotas do reagente de Nessler. Um precipitado amarelo ou pardo indica a presença da substância.

Este teste pode ser feito com amostras trazidas pelos alunos de água dos rios e córregos próximos de suas casas.

A Amônia também pode ser obtida com o aquecimento de alguns cristais de cloreto de amônio ou sulfato de amônio em um tubo de ensaio.

$$NH_4Cl \xrightarrow{\Delta} NH_3 + HCl$$
$$(NH_4)_2SO_4 \xrightarrow{\Delta} NH_3 + NH_4HSO_4$$

GRUPO VIA

Fazem parte deste grupo os elementos Oxigênio, Enxofre, Selênio, Telúrio e Polônio.

Para este estudo serão necessárias soluções de H_2SO_4 6M, peróxido de Hidrogênio 3% (H_2O_2), solução de iodeto de Potássio 1M, solução de permanganato de Potássio 1M, solução de tiossulfato de Sódio 0,5 mol/L ($Na_2S_2O_3$), permanganato de Potássio sólido, Enxofre em pó, papel de tornassol, tubos de ensaio.

A) ENSAIO COM O PERÓXIDO DE HIDROGÊNIO:

Em 2 tubos de ensaio adicione 1 ml de água destilada, 2 gotas de solução 6M de ácido sulfúrico e 3 gotas de H_2O_2 3%. No primeiro tubo adicione 1 ml de solução de KI 1M e no segundo 2 gotas de $KMnO_4$ 1M.

1) $H_2SO_4 + H_2O_2 + KI \longrightarrow K_2SO_4 + I_2 + H_2O$
(coloração vermelho-amarelada do I_2)

2) $H_2SO_4 + H_2O_2 + KMnO_4 \longrightarrow K_2SO_4 + MnSO_4 + O_2 + H_2O$
(desprendimento de gás O_2)

B) OBTENÇÃO DO ENXOFRE E SEU DIÓXIDO

Em um copo Becker de 50 ml, adicione cerca de 2 ml de solução 0,5M de tiossulfato de Sódio, 2 ml de H_2O e 1,5 ml de solução 6M de H_2SO_4, aquecendo esta mistura com cuidado, sem deixar entrar em ebulição. Observe a formação do Enxofre elementar, enquanto sente o odor característico do gás que se desprende.

$$2N_2S_2O_3 + 7H_2SO_4 \longrightarrow S_{(s)} + Na_2SO_4 + SO_2 + H_2O$$

C) OBTENÇÃO DO OXIGÊNIO:

Coloque alguns cristais de $KMnO_4$ ou clorato de Potássio ($KClO_3$) em um tubo de ensaio seco. Aqueça no bico de Bunsen durante 1 ou 2 minutos e, durante o aquecimento, introduza uma pequena brasa (de um palito de fósforo, por exemplo) na boca do tubo. Observe a inflamação da brasa, causada pelo O_2 formado (comburente).

$$2KMnO_4 \xrightarrow{\Delta} K_2O + 2\,MnO_2 + \tfrac{3}{4}O_2$$
$$2KClO_3 \xrightarrow{\Delta} 2KCl + 3O_2$$

A preparação do Oxigênio também pode ser feita mediante a eletrólise, utilizada na experiência de preparação do hidrogênio.

No ensaio com o clorato de potássio, pode ser adicionado uma pequena porção de MnO_2, que funciona como um catalizador na decomposição do clorato, podendo ser recuperado íntegro após o experimento. Equipamentos simples podem ser sugeridos para a obtenção do Oxigênio com e sem o catalizador, e ensaios para a determinação da densidade do gás produzido pode ser facilmente proposto, bastando saber o peso e o volume do tubo coletor do gás produzido.

D) PROPRIEDADE OXIDANTE DO OXIGÊNIO:

Aqueça um pouco de Enxofre em pó em uma espátula côncava. No início da combustão do Enxofre, quando estiver liquefeito, introduza a espátula em um tubo de ensaio com 1/3 de água destilada. Afira o pH com papel de tornassol.

$$S + O_2 \longrightarrow SO_2 \text{ (óxido ácido)}$$

GRUPO VIIA

Fazem parte deste grupo os elementos Flúor, Cloro, Bromo, Iodo, Astato.

Para este estudo serão necessários tubos de ensaio com pinças, bastão de vidro, Proveta de 10 ml, pipeta e pera, solução de amido, iodato de Potássio (KIO_3) sólido e em solução saturada, metassulfito de Sódio ($Na_2S_2O_5$) sólido, hidróxido de Potássio 6M (KOH), ácido nítrico 6M (HNO_3), nitrato de Prata 0,1M ($AgNO_3$), iodeto de Potássio 6M (KI), ácido sulfúrico 6M (H_2SO_4), hipoclorito de Sódio 5% (NaClO), peróxido de hidrogênio 3% (H_2O_2), Iodo sólido.

A) IDENTIFICAÇÃO DE IODO

Prepare uma solução diluída de Iodo, colocando 1 ou 2 cristais de Iodo em cerca de 5 ml de água destilada. Acrescente em seguida 3 a 5 gotas da solução de amido e observe a coloração negro-azulada que se forma. O amido revela a presença de Iodo e vice-versa. Pode-se gotejar solução de Iodo num pedaço de pão, mandioca ou batata cortadas. A amostra fica azulada no local, por causa do contato do Iodo com o amido. Também pode ser feito uma solução com algas marinhas, e identificar a presença do elemento com a solução de amido.

B) ENSAIOS COM O ÍON IODETO.

Em um tubo de ensaio junte iguais volumes de solução 0,1M de AgNO3 e KI 0,1M. Observe a formação de uma coloração amarela, que indica a presença do iodeto de Prata. Este teste pode ser feito na identificação da prata contida nas chapas fotográficas, que pode ser removida da película plástica com água de cloro.

$$AgNO_3 + KI \longrightarrow KNO_3 + AgI_{(s)}$$

Em um tubo de ensaio adicione cerca de 2ml de KI 0,1M e 2ml de amido e homogeneíze bem. Adicione 2 gotas de solução de NaClO a 5% e observe. Volte a acrescentar o NaClO, gota a gota. Anote suas conclusões e proponha o ocorrido.

C) ENSAIOS COM O ÍON IODATO (IO_3^-) E PREPARAÇÃO DO IODO

Tome dois tubos de ensaio e coloque em cada um deles, cerca de 5 ml de solução saturada de KIO_3. Em um dos tubos, coloque cerca de 3ml de solução de KI 0,1M e 2ml de H_2SO_4 0,1M e 2ml de H_2SO_4 6M. Isole o sólido formado e teste-o com amido.

No outro tubo, coloque cerca de 3 ml de solução 0,1M de KI e 2 ml de KOH 6M. Observe o resultado.

Em um tubo de ensaio seco, coloque 1g de KIO3 sólido e 2g de metabissulfito de Sódio ($Na_2S_2O_5$) sólido.

Segure o tubo com uma pinça de madeira e aqueça-o lentamente em chama baixa no bico de bunsen. Observe a formação do elemento.

BIBLIOGRAFIA

FONTES PRIMÁRIAS

As fontes primárias, compreendendo as cópias dos trabalhos originais publicados pelos descobridores dos elementos, estão indicadas nos rodapés da página, na sequência do texto, e podem ser facilmente localizadas na rede.

REFERÊNCIAS

1. Albert le Grand. Le Composé des Composés. Arché Milano, 1974.

2. Albert Poisson. Théories & Symboles des Alchimistes. Éditions Traditionnelles, Paris. 1891.

3. Augustin Bravo Rcy. Física/Química modernas – Química Fundamental – Vol. II. Edições Fortaleza. São Paulo. 1970.

4. Basilio Valentin. - As Doze Chaves da Filosofia. Ed. Global/Ground, São Paulo, 1984.

5. Christophle Glaser. Traite de la Chimie, de Apothiquaire ordinaire du Roy, Paris 1663.

6. Cyliane. Hermès Dévoilè. Quai Saint- Michel, Paris. 1915.

7. Eugene Canseliet. L'Alchimie Expliquee Sur Ses Textes Classiques. Paris, Pauvert,1980.

8. Hermes Trimegistus. - Corpus Hermeticum. Ed. Hemus, São Paulo,1986.

9. Hermes Trimegistus. - Três Tratados. Ed. Aguilar, Buenos Aires, 1973.

10. Irineu Filareto. Entrada Aberta ao Palácio Fechado do Rei. Ed. Global/Ground, S.Paulo, Brasil. 1985.

11. Irving Kaplan. Física Nuclear. Ed. Guanabara dois. 2nd. Edição. Rio de Janeiro. 1962.

12. James William Rohlf. Modern Physics from α to Z^0. John Wiley & Sons, Inc. NewYork. 1994.

13. Kamala Jnana. Dictionaire de Philosophie Alchimique. Éditions G.Charlet. Argentiére. France. 1961.

14. Kathleen Freeman. Ancilla to The pre-Socratic philosophers: a complete translation of the Fragments in Diels.

15. Kerdanek De Pornic. Le Livre des XXII Feuilletes Hermetiques. 1763.

16. Le Dernier Testament, Basile Valentin. Éditions Castelli. Paris. 2008.

17. Le Secret Livre Du très Ancien Philosophe Aretèphius. La Tabled'Émeraude. Paris.

18. Linus Pauling. Quimica Geral. Ed. Aguilar, S.A, Madrid 1951.

19. Lucien Gérardin. La Alquimia. Ediciones Martinez Roca. Barcelona. 1975.

20. M. Lemery. Cours de Chymie. Paris. 7ª Edição. 1690.

21. Nicolas Flamel. Oeuvres. Le Courrier du Livre, 1989, Paris.

22. O tesouro dos Alquimistas, Jacques Sadoul. Editora Hemus. Curitiba. 2002.

23. Raimond Lulle. La Clavicule. Arché Milano, 1974.

24. Robert E. Krebs. The history and use of our earth's chemical elements: a referenceguide. Greenwood Publishing Group. 2006.

25. Robert Eisberg, Robert Resnick. Física Quântica. Editora Campus Ltda. 4ª Edição. Rio de Janeiro. 1979.

26. Rubellus Petrinus. Espagíria Alquímica. Bookes editora. Lisboa. 2010.

27. Serge Hutin. História da Alquimia. Edições M M, São Paulo. 1972.

PÁGINAS ELETRÔNICAS VISITADAS

http://astro.if.ufrgs.br/solar/venus.htm
Acessado em 09/09/2008

http://www.alchemywebsite.com/texts.html
(textos completos com vários autores alquímicos). Acessado em 05/03/2009

Revue générale des sciences pures et appliquées.
Disponível em:
https://gallica.bnf.fr/ark:/12148/cb3437840 49/date.r

Annales de chimie et de physique.
Disponível em:
http://gallica.bnf.fr/ark:/12148/cb34378082 0/date.r=Annales+de+Chimie+et+de+Physique+ .langPT.

Proceedings of the Royal society ofLondon.
Disponível em:
http://gallica.bnf.fr/ark:/12148/bpt6k56111c /f453.image.

Comptes rendus hebdomadaires desséances de l'Académie des sciences/publiés...par MM. Les secrétaires perpétuels.
Disponível em:
http://gallica.bnf.fr/ark:/12148/cb34348108 7/date.

Philosophical transactions of the Royal society of London: giving some accompt of the present undertakings, studies, and labours of the ingenious in many considerable parts of the world.
Disponível em:
http://gallica.bnf.fr/ark:/12148/bpt6k559580 /f191.tableDesMatieres.

Annalen der Physik (Leipzig).
Disponível em:
http://gallica.bnf.fr/ark:/12148/cb34462944f /date.r=Annalen+der+Physik+59.langPT.

The Collected Works of Sir Humphry Davy. Bakerian lectures and Miscellanieous.1840. Vol V.
Disponível em:
http://books.google.com/books?id=gpwEAAAA YAAJ&pg=102#v=onepage&q&f=false.